U0155396

京都金阁寺（刘超　摄）

京都龙安寺（刘九令　摄）

京都东本愿寺（刘九令　摄）

京都西本愿寺（刘九令　摄）

[日] 龙居松之助　著

郝莉菱　译

日本古代名园

清华大学出版社

北　京

图书在版编目（CIP）数据

日本古代名园 / （日）龙居松之助著；郝莉菱译 . —北京：清华大学出版社，
2022.3

ISBN 978-7-302-59847-3

Ⅰ . ①日… Ⅱ . ①龙… ②郝… Ⅲ . ①庭院－建筑艺术－日本－古代
Ⅳ . ① TU986.631.3

中国版本图书馆 CIP 数据核字 (2022) 第 001762 号

责任编辑：孙元元
装帧设计：任关强
责任校对：王荣静
责任印制：杨 艳

出版发行：清华大学出版社
　　　　网　址：http://www.tup.com.cn, http://www.wqbook.com
　　　　地　址：北京清华大学学研大厦 A 座　　　邮　编：100084
　　　　社总机：010-83470000　　　　　　　　邮　购：010-62786544
　　　　投稿与读者服务：010-62776969, c-service@tup.tsinghua.edu.cn
　　　　质量反馈：010-62772015, zhiliang@tup.tsinghua.edu.cn
印装者：小森印刷（北京）有限公司
经　销：全国新华书店
开　本：154mm×230mm　印　张：12.75　插　页：1　字　数：158千字
版　次：2022 年 3 月第 1 版　　　印　次：2022 年 3 月第 1 次印刷
定　价：59.00 元

产品编号：079196-01

作者简介

龙居松之助（たつい まつのすけ，1884—1961），日本造园史学家，造园家，教育家，作家。师从历史学家三上参次（文学博士）、建筑学家伊东忠太和关野贞（工学博士），为今后成为一名著名日本造园史家奠定了基础。一生致力于日本文化史以及造园史的教育工作，另作为文化财保护委员会专门审议会委员开展名园设施的保护工作，还积极投身于日本庭园协会、日本造园协会、日本造园士会的设立。1958年被授予"紫绶褒章"（日本政府所颁发的褒章之一，授予学术、艺术、运动领域中贡献卓著的人）。出版了多部著作，旨在研究日本文明史，并把日本庭园之美推向世界。

译者简介

郝莉菱，文学硕士，现任长江师范学院外国语学院日语专业讲师，主要从事日语认知语言学研究以及中日语口译笔译工作。主要译著有《东京今昔建筑地图》《家有猫狗的装修秘籍》《99.9%都是假设》。

序 1

　　任何人都无法否认，日本拥有自己独特的美术，其艺术价值得到了全世界的广泛认可。因此，绘画、雕刻、建筑领域都有诸多名作佳品被推向海外，享誉世界，这着实令人欣喜。然而，堪称美术之精品的日本庭园，却往往被人们忽略，这不得不说是一大憾事。据说来到日本的欧美游客，几乎都异口同声地赞叹——日本的庭园出类拔萃，高雅非凡，与任何一种日本的美术形式相较都毫不逊色。日本国民素来景仰欧美人士的评论，但唯有在美术方面，无论欧美人如何赞不绝口，仍然有很多人对庭园艺术视而不见，这种现象确实令人匪夷所思。

　　另外，在日本的绘画、雕刻、建筑等领域，均有众多专家学者发表相关研究成果，我也因此在国史研究上大为受益。但是，庭园作为美术中的一个门类，与建筑方面也是密不可分，却没有得到世人的重视，就连条理清晰的文化史方向也未曾看到相关的研究成果发表，这点让我总是觉得很遗憾。关于庭园方面的著作虽不是说从来没有，但不是关于造园的秘籍，就是御庭游记之类，再者就是画家笔下的平面图，这些书籍几乎都与现代科学研究有着本质的区别。

　　然而值得庆幸的是，时至今日仍有若干古代名园留存于世，无论是否得到世人的关注，那山水竹石都无怨无悔地默默地展现着属于它们的魅力。最近政府也制定了相关法律，古代庭园作为名胜古迹得到了维护保养，因此如今才能够进行准确的调查研究。最紧要的是，我认为古代庭园的研究有着尤其重要的意义：让普通民众都了解这些堪称国宝的古代庭园的真实价值，让他们都怀揣把国宝永久保存下来的信念。

本书作者龙居枯山君[1] 在大学完成国史系的学业后，又进入研究生院专门从事住宅和庭园的历史研究。特别是在庭园方面，他的浓厚兴趣仿佛与生俱来。为了相关研究，他博览文献，遍访各地名园，进行周密的实地考察，从文化史的角度对庭园进行了综合论述。他的学说曾多次发表于报纸杂志，本书也是此类研究所取得的成果之一，可见其价值。不仅如此，为了让普通爱好者也能轻松阅读本书，作者在总述部分叙述了日本庭园史的概况，在解说部分则是根据不同的年代分别介绍现存的古代名园，可谓别出心裁。本书刊布之后，古代庭园的无穷魅力终会得以释放，世人皆会理解庭园艺术的真谛吧。不仅如此，在审美意识方面，国民性想必也会得到升华。以上就是我的感受，借此为序。

三上参次[2]

大正十三年（1924）七月

---

1. "枯山"是作者的号。
2. 日本历史学家（1865—1936）。

序 2

日本的庭园历经两千年的历史，凝聚了众多艺术精华，在世界上无与伦比。另外，虽说都可称作日本庭园，但庭园自身由于时代和地区不同，其差异也非常显著。因此，全国各地经常可见各种代表性名园，或是代表着该地区，或是代表着某个时代。但是，这些名园的主人常常对这些名园的价值一无所知，甚至误用保护管理的方法，又或是将这些名园白白地放置数十年数百年，着实令人扼腕。

本书的作者龙居君，致力于日本住宅以及庭园变迁的文化史研究十年，在此期间有十多项新发现，尤其是使几处庭园作为名园重新获得了世人的关注。毋庸赘言，龙居君可谓庭园历史研究的第一人。不仅如此，龙居君并不只是一个历史学家，他也是一个拥有卓越技能的实干家，小到十几坪[1]的庭园，大到数万坪的大型公园的设计，甚至是几十乃至几百町步[2]的景区装饰，他手下的作品总是让我们惊叹不已。

《日本名园记》[3]就是这位精通历史并且技术高超的龙居君所著，他亲自前往日本各地调查历史名园，并把其中五十余座的考察成果汇聚该书之中。本书首先叙述了日本庭园发展的历史变迁，让读者有个总体概念，然后分别就各个庭园的位置、变迁、现状等进行介绍，再插入照片、图片等，使得本书内容更浅显易懂，

---

1. 1 坪约为 3.306m^2。
2. 1 町步约合 9920m^2。
3. 原书名为《日本名园记》。本书中另有作者在其他著作中的图片，以及本多锦吉郎、横井时冬、冈本定吉等人的著作中的图片。

从中可见作者之用心。该书不仅是同类出版物中的杰出之作，更有对名园保护意识的陶冶之意，毫无疑问对日本造园学的发展有着重要的推动作用。

龙居君的这本著作能够出版面世，我甚是欣喜，并于上文记录了一些我对他的了解，以此为序。

林学博士 本多静六 [1]
大正十三年（1924）七月

---

1. 日本林学家（1866—1952），造林学莫基人。曾任日本庭园协会会长。

自序

　　笔者想通过出版本书，向读者介绍现存的名园，并阐明这些名园应该得到保护的原因。但是，内容应该按年代、地区分类，还是按样式分类呢？笔者思来想去，结果还是决定按照年代进行分类叙述，因为这也是让读者更能理解接受的一种形式。

　　总述中笔者首先写了日本庭园史概要，是为了介绍历史上的名园之前能让读者事先具备一定的基础知识。毋庸赘言，这是必须要做的一项工作。本书所叙述的内容均出自笔者自己的见解，或许跟以往的一些观点有些许相悖之处，但是这些内容都有可靠的出处。

　　关于日本庭园史，笔者想以后再另行出版系列书籍进行解说，本书则主要对历史上的名园进行介绍，因此解说是重点。但是本书也有不少遗漏的内容，其中很多也是经过考证的。这部分笔者打算今后再版时增加补充，这一版只介绍那些流传于世的最著名的庭园。但是，读者通过阅读本书内容，应该会对日本的代表性名园大体上有所了解。笔者曾在杂志报纸上发表过几篇文章，内容是关于具有地方特色的近代庭园的，如果读者们能够同时参考一下这些文章就更好了。

　　本书的目的是介绍现存的名园，因此为了完善说明内容，尽可能附上了笔者亲手拍摄的多张照片。最开始还打算插入平面图等内容，但还是决定以后再另行出书，本书则主要是照片（编辑为了方便读者理解，加入了部分平面图）。

　　本书出版之时，从宫内省借到了皇居以及离宫的珍贵照片，这份殊荣让笔者感激涕零。在此，笔者要就此事向二荒芳德先生以及武宫雄彦先生表示衷心的感谢，感谢他们在繁忙的公务之中提供帮助。

最后，在日本庭园史研究上，文学博士三上参次先生和林学博士本多静六先生经常为笔者指点迷津。两位先生能为本书作序，真的是笔者莫大的荣幸。

大正十三年（1924）七月中旬

写于东京市郊　　枯山草庐

目录

引子

日本庭园综述

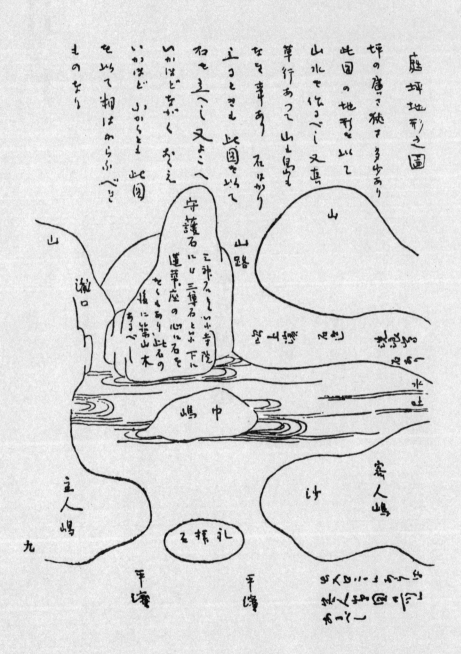

庭坪地形之圖

坪の廣さ狭さ多少あり
此圖の地形を以て
山水を作るべし又真
草行あつて山と島と
なる事あり　石ばかり
立つときも此圖を以て
石を立べし又よこへ
いかほど長がくおくえ
いかほど小からも此圖
を以て掘はからふべき
ものなり

山

山路

山

瀬口

守護石

嶋中

客人嶋

汀

主人嶋

九

礼拝石

平濱　　平濱

水口

1. 日本庭园的自然主义

说到日本庭园的起源，《日本书纪》中有相关记载。据说在推古天皇二十年（611），百济渡来人在皇宫的南庭建了须弥山造型的假山和吴桥[1]。另外在推古天皇三十四年（625），记录苏我马子逝世情况的条目中有"夏五月戊子朔丁未、大臣薨、仍葬于桃原墓、大臣则稲目宿祢之子也、性有武略亦有辨才、以恭敬三宝、家于飛鳥河之傍、乃庭中开小池、仍興小島于池中、故時人曰島大臣"的内容。由此可见，飞鸟时代（592—710）已建造庭园。这当中，前者是否符合现如今我们对庭园的定义尚存疑问，但是后者确实是可以称之为"庭园"的。

我们可以根据以上这段简短的描述得出，苏我马子的宅邸有座大型庭园，园子里有个大池子，还修建了池中小岛。这跟后来的筑山式庭园均是同一体系的林泉式庭园。可以推测出，这种设计当然也与当时日本其他文化一样，都是从朝鲜半岛传入，而源头则在中国。如此看来，可以说日本早在推古天皇在位期间，就存在今天我们所定义的庭园了。

然而，之后从奈良时代（710—794）到平安时代（794—1192）这期间，则是沿袭了这种林泉式庭园，并无大的改动，最终为了迎合寝殿造[2]的住宅样式得以完善，形成寝殿式庭园。然后，这种体系的庭园逐渐发展，直至近世。

以上所述的林泉式庭园，呈现出来的就是大自然的缩写。即假山代表着山岳，池水代表着大海湖泊，细细的水流则代表着清澈

---

1. 带屋顶的拱桥。
2. 寝殿式建筑，是平安时代贵族住宅的建筑样式，适合当时的生活方式。

的潺潺溪流——不管是哪座庭园都体现了设计者想要亲近自然之美的本能，并把这种心情通过庭园抒发出来。

最初，大陆文明于飞鸟时代传入日本，进入奈良时代后更是渗入日本人生活的方方面面，不管是住宅的样式还是庭园的样式，都极大地受到了大陆文明的影响。这种影响与日本人本来固有的情趣巧妙地融合在一起，最终在平安时代把住宅和庭园结合为一体，形成了一定的建筑样式，也就是寝殿造住宅和寝殿式庭园：主要建筑呈均齐式平面，在寝殿的南面（南庭、南苑或是广庭）挖池，池中设岛，从岛到池的北岸架拱桥，架平桥通向南岸，而池中岛要留有可以修建乐屋[1]的空间。在池的南边沿东西走向设有假山，走廊自主建筑向南延伸，最南端是泉殿和钓殿[2]隔池相望。这些只需查看《家屋杂考》中的插图以及众多绘卷物[3]中的绘图就可一目了然。《家屋杂考》一书中有古图可见明确的区域划分。而关于造园方面的规定在《作庭记》当中有详细记载。从平安时代开始，直至镰仓时代（1185—1333）、室町时代（1336—1573）初期，这种建筑规则恐怕在京都地区广为流行。受当时时代思潮的影响较少，而受佛教或阴阳学的影响很深，即便如此，"学习自然"这一宗旨始终未变。

读过《伊势物语》的人都知道在原业平河内国高安郡[4]那段的故事吧。若看当时的描述，有一段话写到"但是，原来的那个女人却并没有表现出不高兴的样子，把男人送给了别的女人，男人怀疑她有了异心，于是藏身于园子的树丛中……[5]（略）"，据此

---

1. 日本雅乐演奏者奏乐的地方。
2. 寝殿造中，建于东西厢房向南延伸的中门廊尽头、面临水池的建筑物，一般用于钓鱼取乐。如果是地板下喷出泉水的殿阁，又称"泉殿"。
3. 是以表现内容为主题而形成的叙事性长卷图画，内容以图画或书法为主。
4. 大阪府八尾市的地名。
5. さりけれどこのもとの女あしと思へるけしきもなくていだしやりければ、男、こと心ありてかかるにやあらんと疑ひてせんさいの中にかくれゐて。

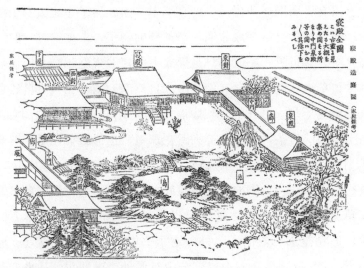

寝殿造庭园（《家屋杂考》）

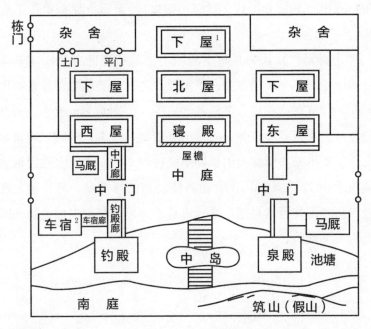

寝殿造

---

1. 披屋。厢房。连接正房外侧壁面的附属小房子。
2. 寝殿造位于中门外的车夫房，用于停靠牛车。

可以看出文中所描述的屋子中种有草木，因此男子才能藏身于树丛之中。像这样把自然变成住宅的一部分的例子，在平安时代的诗歌中屡见不鲜。可见，当时不只是形式上的寝殿式庭园，人们还会在中庭种植草木，流水潺潺，勾勒出大自然的一角，让人对自然之美产生无限的遐想。《作庭记》中有一段话是这么写的："山麓[1]和坡路上摆放的石头，就像一群狗趴在那里，也像野猪在追逐嬉戏，又像小牛依偎在母亲身上撒娇。但凡放置石头，逃石有一块，追石就得有七八块[2]。"讲的是在山麓或园路上的石头应模仿自然的山岳和草原，零零散散的，才能呈现出最自然的景致。意即，刻意摆放出形状是不可取的。另外，这本书中的"石头摆放应该形状各异[3]"以及叙述瀑布的内容部分中有多处可以证明，从平安时代（794—1192）到镰仓时代（1185—1333），造园方面都秉持了自然主义的原则。

　　《作庭记》被认为是日本造园书中最古老的书籍，该书既然已经阐述了自然主义的主张，不用说，之后的造园书所主张的也相差无几。如有疑惑，可去参阅各种古书。特别是关于植物，所有造园书都极力主张描绘自然。《筑山庭造传》（上）所写"所谓本所分离，是指本来长于深山的植物不能种到水边，生于水边的植物也不能植于山上[4]"，像山上种植菖蒲之类的行为是不可行的，这完全是出自"万物顺其自然"这一思想。当然，我们也把这种庭园视为自然主义庭园。

---

1. 日本庭园中坡度较缓的山丘或园中道路。
2. 山の麓ならびに野筋の石は、むく犬のふせるがごとし豕むらのはしりちれるが如し。小牛の母にたほふれたるが如し、凡石を立る事はにぐる石一両あればおふ石は七八あるべし。
3. 石を立るには様々あるべし。
4. "本所離別といふ事"：本所離別といふは深山に生べき物を水邊に植、水邊に生ずる物を野山にうゆべからず。

古籍的东西说多了就难免令人生厌，我再说说近代的例子吧。首先，茶人[1]的庭园所主张的也都是自然主义，比如千利休（1522—1591）。他的茶道秉持的是自然主义，所以他的庭园也是自然主义，这样的说法或许不太可取。但是，据说利休之所以在庭园里摆放砂石，是因为他看到下雨后山路上零零星星露出的砂石，觉得很有意思，便把这幅景色搬到了他的庭园里。

另外有《露地听书》，讲述的是茶室庭园。据该书所写，利休位于堺市的露地[2]，本可以看到美丽的海景，但他却用树丛遮挡住观海的视线，只从手水钵[3]处能够隐隐约约看到大海，该灵感源自他所钟爱的宗祇[4]的诗句——"大海只在园林树缝中隐约可见呢"[5]。据说细川三斋[6]在江户虎门鸟森宅邸露地也采用了类似的设计，用植物遮挡住爱宕山的风景，想来也是仿自利休的茶庭吧。同样是运用自然风光装点庭园，利休并没有照搬风景，只是表现了从枝繁叶茂的露地窥见大海一角的自然景致。表现自然的手法如此精练，可见利休之不凡。后来他所吟诵的"红叶尚未浸染的深山中，橡树的落叶洒满深山古寺之路，多么幽寂[7]"——这首被誉为"茶道传授之歌"的和歌，恰到好处地表现出了茶庭的特点。乍看之下似是弄巧成拙，归根到底是由山路的实景所获得的灵感，使得观海一事更显神秘雅致。这种设计也完全是源自自然主义的思想。

---

1. 精通茶道之人或采茶制茶之人。
2.（日本茶道草庵式茶室的）茶室庭园、茶庭。
3. 日本庭园艺术中的石水钵，一般供客人净手、漱口之用，也用于庭园、茶室等处的装饰。
4. 宗祇（1421—1502），日本临济禅僧人、诗人，史称饭尾宗祇。他出生平民，为著名的连歌诗人和旅行家。
5. 海すこし庭にいつみの木の間哉。
6. 细川忠兴（1563—1646），日本安土桃山时代及江户时代的武将，号三斋。是优秀的茶道文化代表人物，利休七哲之一。
7. 镰仓时代的僧人慈圆所作。樫の木のもみちぬからに散り積るをくやま里の道のさびしさ。

还有一个不得不提的就是风景画。特别是从室町时代（1336—1573）开始，中国宋元明时期的水墨山水画甚为流行。受其影响，相传是出自相阿弥[1]之手的大德寺塔头（塔头，大寺院内的小寺院）大仙院庭园等（参 P84），都将水墨山水的特征表现得淋漓尽致。水墨山水画虽然利用了巧妙的简笔和书法中的笔力等各种优点，但又与书法全然不同。细看水墨画的墨笔，其简洁之中将大自然的美贴切地描绘出来，这正是水墨画的妙处。日本室町时代以后的庭园受这种水墨山水的影响尤为显著。可以说，庭园的整体设计受到了绘画的影响，但终归是体现了人对自然的憧憬。

　　但不可忽视的是，在日本庭园设计尚处于发展初期的王朝时代，人们常常将自然景色尽可能原封不动地复制到自己府邸的庭园中，忠实地再现原貌。若要举出这其中最广为人知的一例，那便是河原左大臣源融的东六条别院。这间别院的庭园以陆奥盐釜[2]的风景为原型，为了再现当地的制盐场景，还特意从难波[3]运来海水。此番光景，我们从《后拾遗集》里在原业平的歌词"你是何时来的盐釜？在清晨风中垂钓的船啊，再靠近些吧[4]"一句中可以窥见。

　　然而之后随着人们的爱好日渐讲究，又因禅宗的影响，以及更为清新雅致的水墨画的引入等原因，人们已经不满足于以往纯写实的庭园风格，于是便出现了对自然景色进行绘画式表达的尝试。也就是说，在此之前的那种以自然风景整体为模型、进行写实表达的庭园风格，渐渐转变成仅从自然风景的各要素中抽出最精美的部分，再将其用绘画的手法进行组合，并且同时加入庭园设计者自

---

1. 日本室町时代的画家。
2. 现为盐灶市，位于宫城县中部。
3. 大阪市及其附近地区的古称。
4. しほがまに何時か来にけん朝なぎに釣する舟はここによらなん。

己对于自然之美的理解——关于这样一种庭园风格，我在前文中提到的大仙院庭园便是其中最为显著的例子。因为室町时代以后的庭园大多按此风格进行建造，可以说梦窗国师[1]的作品、相阿弥的作品等传达出的理念都不外于此。再说人们熟知的京都天龙寺、西芳寺、等持院、慈照寺等，这些寺院风格统一，都采用了水墨画描绘自然的风格。

后来，这种巧妙的描绘自然的手法与茶道的精神结合起来，禅、茶、画三者各取其长，观赏性与实用性两方面同时得到了发展，逐渐融合成了近世（16世纪中期—1868）的林泉样式。其中最引人注目的是桃山时代（1573—1603）到江户时代（1603—1868）初期发展起来的回游式庭园。这类庭园乍看上去好似是众多技巧堆砌的成果，实际上还是典型的自然主义庭园。

现在我想大家应该对自然主义有所了解了。一言概之，我认为想要再现大自然之美，在设计庭园时就要将建筑材料用最贴近自然的方式进行布置。因此，在王朝时代，甚至在小小的草坪上种植胡枝子和棣棠的时候，也会将它们按照荒山原野中植物自然生长的原始样貌布置，就是为了让人能够联想到大自然。在建造大型庭园的时候也采用了这样的设计理念。而完全按照设计者的想法将矿物、植物等建筑材料呈几何排列的尝试前所未有。如果非要找例外的话，倒是有一种图案式庭园，比如号称是本阿弥光悦[2]之作的京都本法寺庭园（参P136），但它仍与西方的几何式庭园有本质区别。总而言之，我们可以得出的结论是：日本的庭园自古以来便是立足于自然主义之上的建筑。

1. 梦窗疏石，日本临济宗高僧。
2. 日本江户时代初期的书法家、艺术家。

2. 镰仓时代以前的庭园

正如前一节所述，日本庭园起源于飞鸟时代推古天皇在位期间。当时的庭园设计几乎是照搬中国经由朝鲜半岛传入的模式，园子大部分都被池塘所占据，池中修建小岛。而且日本有把庭园称为"岛"的古老说法，这也传递了类似的信息。

在飞鸟时代（592—710），经由朝鲜半岛传入的林泉式庭园逐步发展，直到之后的奈良时代（710—794）。这种庭园到了平安时代（794—1192），迎合伴随日本人生活方式而兴起的寝殿造[1]的住宅样式，形成了一种较为完善的庭园样式。另外，各建筑物间流淌着的潺潺细流勾勒出一道道雅致的风景，最终汇入池中——庭

泉殿图（《家屋杂考》）

---

1. 平安时代贵族住宅的建筑样式。

园与住宅浑然一体。关于这种样式的庭园建造的规定在《作庭记》中有详细的叙述。

然而，还有一种极其纯朴的呈现小自然的庭园，颇能体现日本人热爱自然的本心。这种庭园早在奈良时代就已出现，到了平安时代尤其盛行，即在建筑物之间的空地上铺设草坪、栽植小植物，并配以细流环绕，将山林原野的自然美融入住宅之中。这种庭园经常出现在那个时代的诗歌当中。举个例子，他们想用取自山野间的棣棠花、胡枝子、菊花这些小小的植物来创造出一片小小的天地，可见其热爱自然的心性，不得不说甚是有趣。而且这种精神也自然地融入大的庭园之中，像樱花那样美丽的开花树以及松树、柳树那样优美的植物一起作为园景树被广泛使用，而决不像后世那样园景树必须是枝叶繁茂的常青树。

我们读过《作庭记》的话马上就会明白，即便书中主要是关于池塘、遣水[1]、瀑布、石组[2]、小岛等叙述，也可从中看出那时的庭园明显是寝殿式庭园。据该书中所述，从实用性考虑，从建筑物的阶隐柱[3]到池边相距六七丈（宫廷制式[4]的话则有八九丈，这是为了预留出行礼的空间），间距并不宽，这是为避免缩小池塘的面积。这样一来，确实可以证明当时的庭园是以池塘为主的。于是，池中岛的大小也要按照池塘的面积而制定，而且规定岛的前方是寝殿的正中心的位置，岛上设置乐屋。这种规则从平安时代一直延续至镰仓时代（1185—1333）。

诸如此类的庭园，无疑是立足于自然主义，运用各种技巧追逐完美自然之感。换言之，这个时代的人们尽可能地使庭园面积比

1. 引水溪流的做法。造园水流。将水引入庭园等形成的水流。
2. 点景石。日本庭园的山石布置。
3. 日语为"阶隐"，指寝殿正面中央的台阶上方的屋顶，由两根柱子支撑伸出屋檐。
4. 原文为"内裏仪式"，是记录平安时代前期宫中仪式的书籍。

实际看上去要大。不管是池塘的造型，还是小岛、岬角等形状和布置，甚至桥梁、绿植等都相当讲究。

方便起见，现在从风景为主的规则来看，不管是模仿大海还是大江，又或是模仿山川、沼泽，又或是模仿芦手[1]，没有一处不是实景的缩影。要勾勒出大海般岩滩波涛汹涌的景象，就要设置高耸的岩石，散立于水中的石头，还要配以海滨常见的松树，使人们仿佛置身洲岬白沙滩；要勾勒出大江的景象，则要通过石头的布置表现出河流蜿蜒流淌的样貌，水势减弱的地方要设置白沙滩；要勾勒出山川的样貌，则要运用多块石头表现出溪流潺潺；要勾勒出沼泽的样貌，就要设置湖汊种植芦苇、菖蒲，运用极少的石头并且不修建小岛，让石头隐藏水的出入口，乍看之下宛如一潭死水；又或是如芦手般，山都不高，在园路末梢、池边等处配以矮竹等植物，并随处可见石头，园景树也要使用梅柳般优美的树木……我想这些都是一心想要模仿自然的表现吧。

然后再看对于建岛的规则，山岛、野岛、杜岛、矶岛、云形[2]、霞形[3]、洲滨形[4]、片流[5]、干泻[6]、松川等，无一不以表现自然为主。另外，即使是关于瀑布的设计，向落、片落、传落、离落、棱落、布落、丝落、重落、左右落、横落[7]等，也均是力求接近自然风景。特别是作为"或入云"，瀑布向月而泻，月光映于其上，诸如此类设计完全是从观赏的角度出发，而且毫无疑问是立足于自然主义的思想。

---

1. 一种绘画字体，日语为"蘆手"，是日本平安时代流行的文字书写艺术手法。
2. 云彩飘动的形状。
3. 庭院池塘里的岛屿。是将小石子一层一层堆积成看起来像霞一样的形貌。
4. 看起来像是从上往下俯视着沙洲，曲线轮廓有所差别。在近代，也被称为三轮形，表现弯曲海岸线状态的大致椭圆形。
5. 一面坡的建筑物结构。
6. 涨潮时沉入海面，退潮时出现在海面上的由黏土和沙砾构成的土地。
7. 均为瀑布的表现手法。

除此之外，建筑物与池塘、遣水、树木等设计布置也都是为了赏心悦目，是努力发挥自然之美的结果。

这种庭园在平安时代特别是藤原氏全盛时期发展惊人，此后即使进入镰仓时代（1185—1333），似乎也是完全相同的发展趋势。但究其根本，是因为庭园设计在遵循自然主义的同时，又受到其时代思想的影响。当时的思想影响广泛，理所当然地，庭园也在其中。除四方四神[1]、阴阳五行之说及佛教思想外，当时的人们普遍奉行的各种迷信思想在庭园方面也明显得到了有力施展，《作庭记》中所记载的造园方面的规定中此类内容也不在少数。如此说来，镰仓时代以前的庭园风格可以看作同一体系的。这点以同时代著作《作庭记》为据，大致说明一番基本上就会明了。

比如在水流、石头、树木的方向、形状、布局等方面，有着许多公认的迷信规定。

这些迷信早在平安时代就开始盛行，到了镰仓时代前后逐渐复杂化。要探讨一下这些迷信的话，首先就是池塘、遣水的水流方向的相关规定，如下所示。

第一，池底的水闸应该朝向西南方，目的是让青龙之水[2]流向白虎之路[3]，以排出浊气。

第二，西北方不得开水闸，因为此处乃维系福佑之地。

第三，水应该从东面通过房屋中间流向西南方，因青龙之水需流向白虎之故。

其次，遣水虽也遵循自然主义，但有很多受迷信约束的地方，将两者综合考虑，大致如下所示。

---

1. 东青龙、西白虎、南朱雀、北玄武的合称。
2. 青龙是东方的守护神，是与西方白虎、南方朱雀、北方玄武共同组成的四神之一。青是五行说中代表东方的颜色，青龙之水即代表东方的水。
3. 代表西方的道路。

第一，遣水自东往南流，向西边则为顺流，自西向东则为逆流。因此，水流自东往西是为吉利。（这与前面的池塘建造要求理念完全一致，正如"此外，水自东经由房屋之下流向西南，是为大吉。青龙之水流向白虎之路，洗净诸类浊煞之气。"[1]记载，一目了然。）

第二，遣水应从宫殿或者寝殿的东面向南，再流向西面。因此从北面引入的水流，先绕道东边再流向西南为佳。另外，遣水拐弯处的内侧被称为龙腹，此处建宅邸是为吉，但若建于外侧龙背则为凶。另外，根据四神之说，水流北入南出也为吉，这是因为玄武代表黑色，属水属阴，朱雀则是代表红色，属火属阳。因此，自阴向阳移动才能阴阳调和。

至于石头的布置，也同样以赏心悦目为主，设计要有较高的美学价值以及完全的自然之感。除泷口[2]、岛岬、山边以外，不可使用高的石头。另外，山麓和园路上的石头应力求展现最自然随意的景致，正如"山麓和坡路上摆放的石头，就像一群狗趴在那里，也像野猪在追逐嬉戏，又像小牛依偎在母亲身上撒娇。但凡放置石头，逃石有一块，追石就得有七八块"（参P6）描绘的那样。另一方面，石头的布置也有烦琐的迷信约束。现列举如下所示。

第一，不能在瀑布左右方、岛岬及山边以外的地方放置高石。倘若犯此忌讳，房子住不长久，最后是一片荒芜。

第二，把本来竖着的石头横着放，横着的石头竖着放，石头会成精，家宅不宁。

第三，本来横卧着的平坦的石头不能立起来面向家宅。

---

1. 又東方よりいだして、舍屋のしたをとおして、未申方へ出す、最吉也。青竜の水をもちて、もろもろの悪気を白虎のみちへあらひいだすゆへなり。
2. 瀑布口，其固定做法有守护石、童子石、受水石和回叶石。

第四，高度在四五尺以上的石头，如果朝向东北方而立，石头会成精，并且招来邪祟。但如果在其西南方向摆放三尊石[1]与之相对则无碍。

第五，若把高于房屋外廊[2]的石头放在房子附近，则凶事不断。

第六，三尊石不能正对寝殿，方向应有少许偏离。若有违反则为不吉。

第七，庭园里的立石[3]不能与屋柱在同一直线上。若有违反则对子孙不利，招致灾祸，金钱受损。

第八，外廊附近不能横着摆放大石头。尤其是，当大石以北枕[4]或西枕[5]的形式横卧于外廊附近，俗信主人会在一年以内死去。

第九，房子西南方的柱子旁边不能摆放石头。若违反则全家疾病缠身。

第十，西南方向不能修建假山。但如果有路可通行则无碍。因为假山会挡住白虎之路，使得浊煞之气无法排出。

第十一，假山的山谷不能朝向家宅。对女性不吉利。

第十二，卧石[6]不能朝向西北方向。如若犯忌，则留不住钱财、家仆或牲畜。同时西北方也禁通水路，水流西北方则福德外泄。

第十三，有雨水滴落的地方不能摆放石头。俗信人如果碰到雨水滴到石头上溅起的水珠就会生病。如果是桧皮[7]上的雨水滴落到石头上的话，其毒性尤为凶悍。

---

1. 用三块点景石象征佛教三尊，模拟一佛二菩萨，中间大石叫中尊石，两边靠前各一块叫侧尊石。
2. 日语为"缘"，指日式建筑中，接在房屋外侧的铺着细长木板的部分。
3. 为装饰点缀而立置于庭园的石头。
4. 头朝北睡。因释迦涅槃时面朝西头朝北，故佛教中有将死者头部朝北停放的习惯。
5. 头朝西睡。西边为日落的方向，因此视为不吉。
6. 与"立石"一样都是日式庭园的点景石，"卧石"横卧摆放。
7. 柏树皮。也指用柏树皮葺的屋顶，这种屋顶也叫"桧皮葺"。

第十四，东边不能摆放比其他石头还大的白色石头。如若犯忌则主人家会遭他人算计。其他方位也是一样，如果摆放与该方向颜色相克的大石则视为不吉。

第十五，石头的布置可以模仿名胜古迹，但不能模仿荒废之地。如果一意孤行，则家宅必毁，庭园必废。

上述规定均为迷信思想，实不可取，再看庭木的相关迷信规定，其内容则更是颇具滑稽意味。首先，想要作为"四神相应[1]"之地，保官位福禄，无病长寿的话，就必须按如下规定栽种树木。

第一，人家居所之四方，须植以树，以为四神具足之地。且东有水流为青龙，若无水流则可植柳九棵以代替。

第二，西有大道为白虎，若无，则可代之以七棵楸树。

第三，南有池为朱雀。若无，则可代之以九棵桂树。

第四，北有丘岳为玄武，若无，则可植桧三棵，以代玄武。

更有甚者，由此又生出了更多牵强的规定，如下所示。

第一，大门中心位置不能种树，一旦种树则构成一个"闲"字，家宅衰落。

第二，方圆之地[2]的中心种树，主人家会困苦不堪，同样因为形成了一个"困"字。

第三，不能在方圆之地的中心修建房屋，否则主人家会遭受牢狱之灾，这是因为方圆之中有人则成"囚"字的缘故。

像这样的规则，在今天的人们看来，实在是不值一提的可笑的迷信思想，但对于当时的人们来说尤为重视。

总而言之，镰仓时代以前的庭园和住宅的样式同样都有其典型性，是立足于自然主义之上的以池塘为中心的观赏性设计。尽管

---

1. 符合四神的最佳的地貌风水。
2. 方形或圆形的土地。

当中多少有些迷信的规定，但这些规定似乎又偶然地迎合了自然主义的观赏要求。

3. 室町时代的庭园

在上一节中介绍了日本镰仓时代之前的庭园概况，接下来会说明之后的室町时代（1336—1573）庭园的样貌（详见第一章）。

首先，就室町时代初期来看的话，当时的庭园与住宅相同，都大体上继承了前代的风格。换言之，诸如室町的花之御所[1]、北山庄[2]之类的豪宅庭园都可视为《作庭记》流派的庭园。这样一来，日本庭园从平安时代到室町时代初期，虽逐步发展完善，但整体而

金阁寺庭园

---

1. 日本室町幕府第三代将军足利义满在京都室町建造的新宅邸。永和四年（1378）建成。因庭园中种植众多花草而得名。又称"室町殿"。
2. 也叫"北山殿"，是日本室町幕府第三代将军足利义满在京都衣笠山东北麓修建的别墅。义满死后改为鹿苑寺（金阁寺，详见 P71）。

言风格变化不大。只是多了些许禅宗和尚赋予的"禅味",以及在细节上对中国园林的模仿。

然而,室町时代中期至后期,即到了第八代将军足利义政的所谓东山时代,自镰仓时代开始涌入的中国文化,深刻地影响了人们的精神世界和物质生活,日本庭园等方面禅味也愈发明显,同时又从盛行于元宋明的水墨山水画中得到启发,这才初步呈现出室町时代独有的风格。因此,若要讲述室町时代的庭园特色,可以以东山时代为中心,向前后时期展开。这种论述方式时代特色鲜明,别有一番风趣。

要想弄清这个时代的造园风格,首先要对该时期最盛行的诸如造园的书籍资料进行调查研究,再对该时代留存至今的古老庭园进行实地勘查,最后对该时代的庭园特色加以提炼。因此,我调查了数部记述该时代造园法并流传至今的一些"秘籍"。从这些资料的跋[1]不难看出,内容大体上都是出自同一本书。举《嵯峨流庭古法秘传书》和另一本无名的造园秘传书(看了两三本,皆是如此)的例子。两者在解说上虽有详略之分,但是其跋都是以"應永二年(1395)八月二十二日中院中納言康平寫[2]之"为开头,一本是"弘化三年(1846)三月上旬立田正行求謹而寫之",另一本是"貞享三年(1686)水無月下旬雇筆書寫之畢令可重寶者也設樂仁兵衛尉"。如果这两本书的跋所言为真的话,那么应永二年这本原著应该就已经存在了。观其记载的内容,也与桃山时代(1573—1603)乃至江户时代(1603—1868)的造庭书稍有不同。足以证明这本对《作庭记》等理念进一步展开有所影响的原著应该是诞生于室町时代。内容上也与那本流传至今的《筑山山水传》(相传作者为相阿弥)有着许多相似的地方。《筑山山水传》虽是江户时代

---

1. 日语为"奧書",指在卷轴、书籍末尾写的句子。尤指有关作者姓名及其来历等的记述。
2. 这里的"寫"为誊抄的意思。

才出版的，但是不是也可以认为是源自室町时代的这类手抄本，只是进行了若干修订增补呢？特别是从把相阿弥放到书名副标题这点来看，把这本书看作传授室町时代造园法的书籍，问题不大。据说是已故本多锦吉郎[1]先生珍藏的《梦窗流治庭法》，其书虽名为"梦窗流[2]"，其实是江户时代享保以后的东西，很明显是从《筑山庭造传》（上）、《诸国茶庭名迹园会》（山水庭园）等书中得到启发编纂出来的后世仿书。因此，我想在这里根据前面提及的秘传书以及《筑山山水传》，浅谈一下室町时代的造庭思想。

这些书籍中有一点值得关注，就是庭园出现了"真行草[3]"的区别。真行草常见于当时普遍仪式的装饰，想来大约是义政[4]时期出现的，应该都是受到了当时中国书画的影响。毋庸置疑，真体与草体先出现，而行体后出现，风格介于两者之间。

首先，真体山水是以池塘为中心，再配以假山，庭园左右两边有二神石，池的右边是客人岛，左边是主人岛，池中还有中岛（蓬莱岛）；池对岸的高山上有主人守护石（三尊石），下面有莲花石；隔池相对的那边，也就是能看见庭园的屋子外廊附近的池边，有礼拜石；有守护石的那座山的左边假山要造山谷、修瀑布，再放置泷副石、童子石，下方的池中有分水石。除此之外，客人岛上还有对面石、履脱石、客拜石、鸥宿石、水鸟岩；主人岛上有安居石、腰息石、游居石（据说与安居石相同）；中岛上有龟头石、两手石、两脚石、尾崎石。左右里边的高山上有山顶石、山腰石、岭脚石、

---

1. 日本明治时代的画家、造园家。
2. 也叫"嵯峨流"，是筑造庭园的一个流派，据说始祖是梦窗疏石。
3. 日本在书法、作画、造园、花道等艺术表现中习用的处理手法，常有一定的格式。如书法中有真体（正体）、行体、和草体之分。在造园中，真体布局精致、严谨，有较强的均衡感，多用于主要建筑前的庭园；行体略去了构图的一些细节，比较潇洒、随意，常用于其他屋室前的庭园；草体最为自由、浪漫，常用于游憩之处。
4. 日本室町幕府第八代将军。

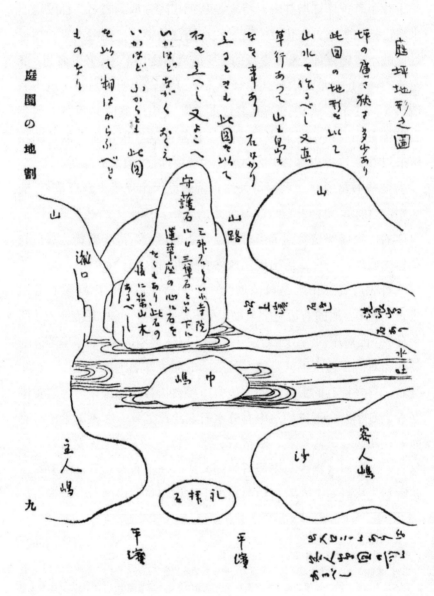

庭坪地形之圖

坪の廣さ狹さ多少あり
此圖の地形を以て
山水を作るべし又喜
草行あつて山を見て
なき事あり石はかり
立つときも此圖を以て
石を立へし又こへ
いかほど山からさ
いかほどながく あくえ
を以て相はからふべき
ものなり

庭園の地割

九

守護石
三神石とふ寺院
これを三尊石とふ下に
蓬莱座の心に此名を
たくもあり此石の
後に築山木
あるべし

山
山路
瀧口
山
中嶋
主人嶋
客人嶋
沙
石揩礼
平灘
平灘

庭園山水造形示意图

020

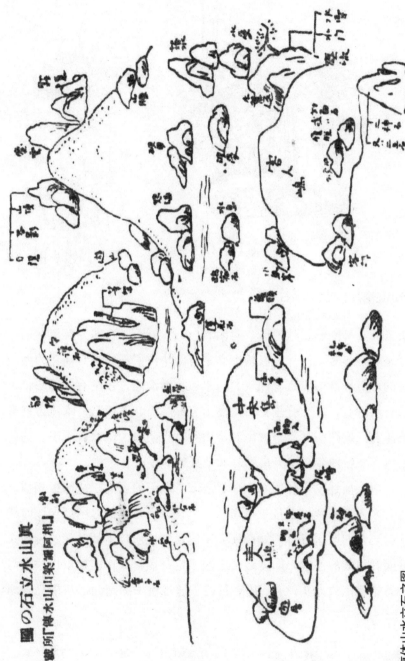

眞の石立水山異

銀所「陽水山川梨淵阿机」

真体山水立石之図

021

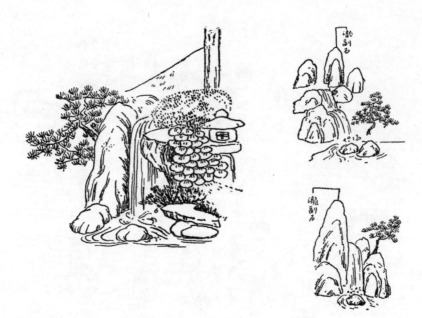

近世泷副石（兼作守护石）

庆云石、雾隐石、晴月石、月阴石；（月吞石）山路上有道居石、行迹石，等等。另外，石桥上必定有四块桥引石（也有简化为两三块的，但标准的应该有四块）；水边有游渔阴，水中有鸳鸯石；下游有水御石，岸上有垂钓石，岛上有杯带石、笔架石；水流方向有怒涛石，道路或岛上有砚用石，山谷有虎阴石，山路有虎溪、豹阴石等——各种名石完美搭配，就是真体的手法。

　　以上所述的真体山水，乍看之下与之前的观赏型庭园很相似，也有人认为两者根本是一个东西。但是，现在我们对图纸和该时代残存至今的庭园进行调查后就会发现，其性质与王朝时代的寝殿式庭园有很大的差别。即寝殿式庭园一定是在寝殿正面架设拱桥，与中岛相连，给龙头鹢首[1]的船只留下通过桥下的空间。从中岛到池

1.船头分别刻有龙头和鹢首的两艘船只。日本平安、镰仓时代，朝廷举行活动、神社寺庙举行祭礼、贵族游宴时，船载乐人舞人浮于池川之上，演奏管弦。

的南岸也架有一座桥，两座桥所形成的园路几乎把庭园从中间一分为二，这种样式也是顺应了当时人们的生活要求。但到了室町时代，特别是东山时代以后，庭园中央没有了拱桥，多数是以笔直的石桥取而代之。这是因为该时代的庭园与王朝时代的庭园用途大不相同。观赏着管弦乐伴奏的歌舞泛舟池上的游宴制度被废止，庭园设计则是一心追求禅道茶道闲静幽邃的意境，可见当时的普遍潮流。参照京都慈照寺的庭园（参P86）等设计就可看出当时的建筑风格。

接下来，我要稍微说一下草体山水。草体山水非但没有丢失真体山水的精神，还以一石兼二三石之用的最简化的形式表现出

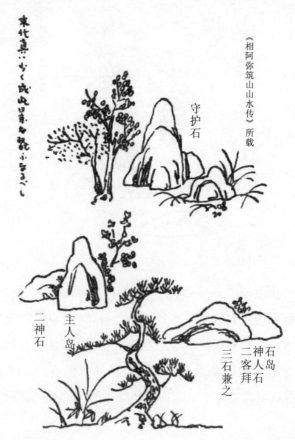

《相阿弥筑山山水传》所载

守护石

二神石
主人岛

二神石
客人岛
三石兼之
拜石

草体的草庭

023

来，流传于后世的庭园也多是这类。室町时代之后最流行的平庭[1]则将其发挥到了极致。山梨县东山梨郡松里村的惠林寺方丈的小庭应该是草体山水中的代表之作。但即使是最简化的形式，也需要有能表现守护石、主人岛、客人岛、拜石、二神石的岩石。一组石组可代替主人岛与一边的二神石，另一组石组可代替客人岛、拜石以及另一边的二神石，呈现出一副极其简约的庭园风貌。

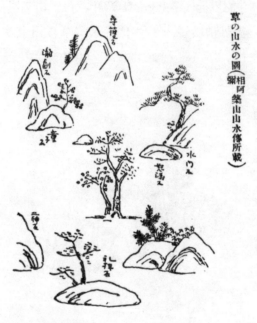

草体山水之图

再说行体山水。行体介于上述的真体和草体之间，比较难界定。再者，这些手法还可以进一步细分为"行草""草草"等，只能根据材料省略的程度来判断，除此之外并没有严格的区分标准。

室町时代的造园理念大体上如上所述。但有一点不得不提，那就是回游式庭园的诞生。东山时代的造园大师相阿弥所设计的慈

---

1. 书院庭园的样式之一。不建造假山的基地平坦的庭园。

行体山水之图

照寺庭园就属于这类，这类庭园在王朝时代并未出现。关于慈照寺的庭园，在第一章解说部分有详细的叙述，这里只是就它与之前的观赏型庭园的不同之处稍加论述。

之前的日本庭园主要用于池上泛舟游玩，而慈照寺庭园则是通过在池周围及池中的岛上架起的桥梁，让人们可以自由地漫步游园（回游）。这种设计既使整座庭园浑然一体，又独具匠心。我们可以来看看大致的区域划分，月待山的西麓掘有锦镜池、池北岸建有东求堂、池西岸建有银阁。无论站在庭园的哪个地方，

025

慈照寺锦镜池

慈照寺东求堂

慈照寺庭园（从东求堂南望）

慈照寺庭园石组

都看不到庭园背面，"四方正面[1]"庭的叫法便是源自于此。庭院的详细情况第一章有记载，这里就再不赘言了。

慈照寺这一类的庭园不同于王朝时代的寝殿式庭园，可以说是在造园法上取得了突飞猛进的发展。毋庸置疑，这也是因为受到了禅道茶道的深刻影响。

上文就室町时代的林泉式（回游式）庭园进行了极为简略的介绍。流传至今的此类庭园中，有不少被传是建于室町时代，而且也有一定可信度。时间久远一些的就号称梦窗国师之作，年代稍微近一点的基本上就归为义政（1436—1490）的同朋[2]相阿弥[3]的作品。这些庭园还都是按照上文所述的规定来建造的，委实有趣。著名的京都天龙寺庭园、西芳寺庭园（有观点认为后来又进行了大幅改建）等，与前面所提到的山梨县惠林寺庭园，以及山梨县甲府市外的东光寺庭园等，皆是出自梦窗国师之手。另外，诸如京都慈照寺庭园之类，也是作为相阿弥的代表之作被人们所熟知。

我想大家应该从前文的叙述中对室町时代的林泉式庭园有了个大致印象。但是，室町时代其实并不是林泉式庭园贯穿始终，东山时代以后兴盛起来的平庭，更能展现出那个时代的造园理念。后来的桃山时代乃至江户时代的庭园都明显大量借鉴了该时期的平庭。因此，我想在此就这个时代的平庭也说上几句。

毋庸置疑，禅宗对于室町时代的住宅和庭园设计产生了巨大的影响。特别是平庭，因多数是禅宗寺院方丈的庭园，比起普通的庭园则更增添了"感化"的意味。在当时思潮的影响下，从中国传入的宋元明风格洒脱的山水画也受到了当时知识分子阶层的追捧，

---

1. 不管是从四个方向的哪个方向望过去都是正面。
2. 日本室町时代对奉仕将军或大名的艺人、巧匠、茶事及杂务者的称呼。僧人则多冠以阿弥号。
3. 芸阿弥的儿子，在足利将军家任同朋众，擅长绘画。

尤其是牧溪、玉涧[1]等人的泼墨山水。那精妙的减笔[2]画法与茶道精神融入其中，实用的加工材料与庭院建材被艺术加工，布局疏落相宜、构思巧妙，勾勒出一幅立体的美丽画卷——平庭可以说是集前人之大成。平庭通常是伴随禅僧的住所、贵族们的宅院以及住宅中的茶室而修建，本时代的平庭设计大致如下所述，后世平庭又在此基础之上发展下去，其所长又应用到了一般林泉式庭园的整体或部分。

首先，因为平庭与寝殿造的壶庭[3]（也叫坪庭、小庭）性质上有些许相似，所以需要的建筑材料也不如林泉式庭园多。这些材料少而精，各司其职，而且平庭跟壶庭一样，本质上就是建筑物的附属品，因此追求的是雅致。日本庭园并不是脱离自然风景的纯几何学设计，而追求贴近自然。但是，同样是对自然的描绘，平庭并不像林泉式大庭园那样完全是自然的缩影，而是从水墨画的减笔画法中得到启发进行抽象表现。例如，京都大德寺方丈庭园（参P91）、大德寺塔头大仙院庭园（参P84）等，就很好地展示了这一特征。

其次，室町时代的平庭往往会利用环境作为背景或借景[4]，现在京都附近就还可以看到几处此类的平庭，像龙安寺庭园（参P82）就是一个很好的例子。这些平庭中，有以园外景致为主、庭园为辅的，也有把园外景致作为平庭结构的一部分的。即便是传统的林泉式庭园，也会把附近的山岳、森林等作为背景，这样的例子不胜枚举。尤其是室町时代的林泉式庭园，几乎都是以自然景致为

---

1. 牧溪、玉涧为中国南宋时期的禅僧画家，构成日本"禅馀画派"的鼻祖之一，被称为"日本画道的大恩人"。
2. 中国画技法名。脱胎于白描画法，但仍以线条作为主要造型手段。不同的是，减笔的线条打破了白描中锋用笔的画法，中侧锋并用，笔势流畅，转折自如，或粗或细，不拘一格。
3. 院内庭园，里院，天井。由宅地内的建筑物或围墙圈起来的庭园。
4. 构景手法之一。即有意识地把园外的景物"借"到园内视景范围中来。

背景。借景则是当时平庭的特色，在那之后直至近世愈发盛行。关于"借景"有着诸多解释。但我个人认为与一般的眺望园或背景不同，是借用自然景致来表现其他的事物。想必这种手法也是源自禅道、茶道以及绘画的意趣。

第三，该时期的平庭以岩石为主体，并根据石组法来布局设计。值得注意的是，为了提升美学价值，搭配岩石的植物也进行了修剪。庭园本身就位于人工修造的建筑物和大自然的环境之间，是介于这两种完全不同的性质的中间产物，采用半加工的材料正是迎合了这一点，可以说是造园技巧上的巨大进步。

第四，禅院的平庭通常表现的是佛家思想，主要以对比度、色调等方面的立体空间设计为主，甚少在平面上下功夫，其布局几乎都是固定的，形式单一。

最后，平庭的加工材料也用于一般庭园。受到本时代思想的影响，石桥非常流行，虽然也保留了传统桥梁的一些设计，但其中就有改变自然形态、完全按照设计者意愿建造的东西。于是，之前从未出现的石灯笼等事物，在本时代后半期开始萌芽发展，直到桃山时代、江户时代被广泛用于造园。

如上所述，当时的平庭也逐渐对一般的庭园产生了影响。到了江户时代，出现了诸多观赏兼实用的庭园样式。

正如上文中所描述的那样，与之前的庭园相比，室町时代的庭园神形俱备，特色鲜明。但不可忽略的是，建造山水同样是出于观赏的目的，也是立足于自然主义，这点跟前代没什么不同。阴阳五行说与佛教教义在造园上的影响日益彰显，并且衍生出许多规定。如庭园里石头的布置，就与这些外来思想有着密切的关系，如果脱离这些思想，则完全无法解释。这大概是因为当时的造园大家多是僧侣或禅宗信徒的缘故吧。

接下来我主要讲一下受到当时时代思潮影响的东西。在"山水五大分配"[1]中，山、岛为地，海、水为水，花、树为火，诸草木枝叶的颜色为空。另外，在"山水相生"[2]中，建造新园的人，如果属火的话，假山的方位应坐南朝北；属水的话，则应坐北朝南；属木的话，则应坐东朝西；属金的话，则应坐西朝东。另外，关于石头的摆放，竖立为阳，横放为阴。因为水为阴，所以泷口的泷副石应竖放，即需用"阳石"。这样的设计或是源自阴阳调和的思想。再者，石头还分为律吕两种，形状齐整的为律，不齐的为吕，用于添石[3]。律属阳为吉，吕属阴为凶，但两者并用则为阴阳调和，如是为吉。此外，石头应按"四纵五横"摆成九字诀，特别是武家寺院的庭园必须遵循此法。即四块石头竖放、五块平放，如是为吉。

石之律

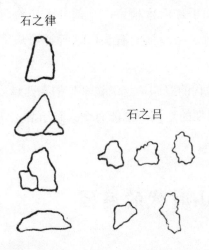

石之吕

风靡于平安时代后期的迷信中，一些受到人们喜爱的说法得到了继承发展，到了本时代，这些迷信形式得以整合，形成了上述这些约定俗成。庭园设计者是否是发自内心地相信这些，我们无从得知。但是，这些迷信确实应用到了实际造园上来，并且流传后世，

---

1. 日语为"山水五大配当のこと"。
2. 日语为"山水相生の事"。
3. 造园中，在主石附近放置的副石。

这也是事实。那么，究竟是何原因才如此盛行呢？单从美学角度来看，这些迷信的规定确实有存在的意义。特别是"五大分配"中，搭配得当的色彩与形状、阴阳调和之说、九字诀的石头布置等，相互映衬，美轮美奂。如果对这些规则倒行逆施的话，从美学上来说明便逊色许多。因此，并不是因为这些规定完全支配了当时人们的内心，只是因为这样做很容易呈现出美感，如有违背就无法造就杰出庭园。这些规定乍看之下没有意义，却展现出了永恒的生命。

此外，主人守护石称为三尊石，泷副石称为不动石，还有与之相伴的童子石。再者，与三尊石相对应的有礼拜石，庭园左右两边的二神石称为二王石，等等，这些都是比较普遍的约定俗成。更有甚者，时间再往后推稍许，一部分人还使用佛经中十二圆觉菩萨的名字来命名庭园里的石头，这种说法从室町时代一直到江户时代都有。

关于这个时代的庭园，越细说牵扯的东西越多，就到此为止，希望大家对该时期的造园理念能有个大致了解。

4. 安土桃山时代的庭园

我们可以把安土桃山时代的庭园（详见第二章）看作同一体系，这样集中介绍较为方便。但是，安土时代时间较短，并且像安土城、京都二条城（并非今天的二条离宫，位置上也有些许差异）等地的庭园也只是通过文字记录窥其一二。总的来说，安土时代的这些庭园，其建造材料虽然极尽奢华，但也只不过是对室町时代的继承，并无特殊之处。不过，当时使用铁树作为庭木，时代思想可见一斑，这点值得关注。如今泉州堺市妙国寺的巨型铁树，据说之前曾经一度移植到安土城，后又移植回了妙国寺。由此也不难想象该时代的庭木中是有铁树的。另外，二条城里立有一块天下名石[1]——藤户石，并种有各种奇花异草，织田信长的豪情壮志不言而喻，但就艺术性而言却没有明显的提升。然而，到了桃山时代，这些时代思想愈发明显，庭园方面的特色也逐步显现了出来。

由于桃山时代的庭园与当时的建筑有着密切的关系，像丰臣秀吉的大阪城、聚乐第、伏见城这样的城郭[2]式宅邸的附属庭园中，既有搭配大型建筑的林泉式庭园，也有搭配雅致茶室的幽静茶庭。这两种庭园的修建目的完全不同，因此我认为应该分开叙述。

妙国寺庭园

首先，从林泉式庭园来看，流传至今的此类庭园大多都冠以茶道权威千利休、伏见造园师朝雾志摩之助等大师之名。有研究日

---

1. 得天下之人所拥有的石头。
2. 城和包围其的外围墙。

本庭园史的学者认为小堀政一[1]是桃山时代的代表性造园家，但我并不太赞同。我认为他并非活跃于桃山时代，而是江户初期的大造园家。因此，迄今为止，有不少庭园史书把桂离宫、高台寺、南禅寺、金地院、大德寺方丈和蓬莱园等庭园当成桃山时代的作品来讲，这是有问题的。所以这里我没有把远州算在桃山时代里面。

正如前一节所叙述的那样，室町时代的日本庭园在禅道、茶道的影响下有了突破性发展。尤其是林泉式庭园，随着茶道的流行，从传统的观赏性设计转为了实用的回游式，园路的设计逐步得到发展。对于这种局部的设计施工，在技术上的要求也是越来越高。或许正因为如此，桃山时代的庭园都是整体统一的风景园，但局部的建筑技巧却有了很大提升，相阿弥想出的回游式庭园（如京都慈照寺庭园）更是质的飞跃。同时，随着城郭建筑的盛行，特殊庭园应运而生，禅院中被赋予禅意的庭园也随之诞生，原因无非都是一样的。

我们现在来看看桃山时代的住宅，书院[2]一定会有与之配套的庭园，但与室町时代之前的样式截然不同。从室町时代的后期发展起来的书院造建筑进入桃山时代后日趋完善。与建筑物的宏伟相对应，庭园也展现了自然刚健之风。尤其是伏见朝雾摩之助，从丰臣秀吉的城郭式宏伟宅邸中得到启发，发明了以石组为中心的特殊庭园。观摩他的遗作我们可以发现，这种新式庭园是在借鉴相阿弥作品的基础之上，又迎合了时代需求的结果。如今的京都本愿寺大书院的庭园（虎溪庭）就号称他的作品，据说这座庭园原本位于伏见城内，后与大书院一同迁来。园里的石头的布置受相阿弥影响的地方较多，跟室町时代的林泉式极其相似，但是局部的表现手法有了

---

1. 也被称为"小堀远州"，日本安土桃山时代至江户初期大名、茶人、建筑家。
2. 禅宗寺院中住持的书斋，或公家、武家宅邸中起居室兼书斋的房间。

本愿寺虎溪庭《都林泉名所图绘》

质的飞跃，比如自由运用形色俱佳的岩石，自然叠嶂表现石头之势，使用高大的铁树作为庭木，等等。连城墙内的立面装饰都彰显着宏伟的大书院造建筑，因为刚健之姿则需搭配雄浑有力的事物。虎溪庭在朝雾摩之助的精心设计下，虽说也是观赏型庭园，却与室町时代的寝殿式庭园以及禅院的平庭等完全不同，显得霸气十足。

　　就如我们在朝雾摩之助遗作上所看到的那样，伴随着桃山时代的书院建筑发展起来的林泉式庭园，极为大胆地展现了该时代的精神，同时建筑技巧方面也有了很大的提升。

　　不同于此类庭园，另有一类庭园则是立足于茶道的精神，由茶人设计建造。千利休（宗易）就是其代表造园家之一。京都大德寺塔头聚光院、京都东山区的智积院等庭园，皆是模仿潇湘八景[1]

---

1. 相传为潇湘一带的湖南八处佳胜。为宋朝沈括《梦溪笔谈·书画》中所描述。古潇湘八景为：江天暮雪、山市晴岚、潇湘夜雨、烟寺晚钟、远浦归帆、渔村夕照、洞庭秋月、平沙落雁。现有"新潇湘八景"。

或是庐山风光而建。总之，通过树石的配置体现茶道意境，这种特色又与朝雾不同，既延续了东山时代的造园理念，有些地方又更胜一筹，将造园大师利休超脱世俗的自然主义展现得淋漓尽致。

现在我们再看一看同时代的其他庭园作品。传说曾位于京都八条栟笥的遍照心院方丈庭园是由梦窗国师仿照庐山而设计，桃山时代由朝雾志摩之助进行了修改，如今已不知所踪。若是看过江户时代造园师所描绘的图纸，就会发现该庭园与本愿寺虎溪庭隶属于同一个体系：池旁的石组立石居多，池上所架石桥风格刚健遒劲，精心修剪的树木寓意守护石后方连绵的群山，而不修建假山。虽说这样的技巧并不是没在传统的禅院中出现过，但是该庭园通过池上架桥形成了东西南北的园路，使得本不宽敞的庭园看上去比实际大了许多，颇有近代的造园风格。该庭园虽然被认为是梦窗国师的作品，但也只是大致的区域划分还有他的影子，很多细节经由志摩之助重新设计修改，已经不复初始的模样了。我要强调的一点是，这座庭院全然不似江户时代造园家小崛远州的作品那样优美艳丽，而是展现了极致的阳刚之美，这正是桃山时代的风格。此外，京都西芳寺的庭园，据寺院传说也是由梦窗国师设计、志摩之助修改后的作品。传闻这座庭院在应仁之乱[1]中遭受战火的摧残，又屡遇洪水侵袭，志摩之助接手的时候已是破旧不堪。如今这座庭园已是一片荒芜，只剩下一些零碎的石头，我们也只能隐约分辨出庭院的布局。

另外，位于京都市下京区下河原町的圆德院庭园，据寺院传说是小崛远州的作品。但是，从修建时间为伏见城内的大政所化妆殿迁建之时，以及从区域划分、建筑材料以及细节手法上来看，与

---

1. 发生于日本室町幕府第八代将军足利义政在任时的一次内乱。主要是幕府三管领中的细川胜元与四职中的山名持丰（山名宗全）等守护大名的争斗。应仁之乱开启了日本战国时代。

小堀远州的其他作品大有不同，倒不如说是桃山时代的庭园作品。虽说如此，该庭园也与朝雾志摩之助的作品风格毫无相似之处。那么，即便这座庭园本来就建于伏见城内，后来才跟建筑一起搬迁，也不可能是朝雾志摩之助的作品。把它看作同时代的其他造园家的作品才是最合理的。

以上主要讲的是丰臣秀吉时期前后的庭园作品。总的来说，这个时代的庭园在区域划分方面仍然可见前代的影子，虽然不见惊人的突破，但在当时建筑样式的影响下，庭园展现出了一种不逊于大型建筑的刚健之风。这种风格逐渐成为了该时代林泉式庭园的普遍造园模式，特别是朝雾志摩之助的作品表现得尤为突出。另外，还有一点值得注意，就是随茶室而建的茶庭的盛行。

关于茶室，这里虽然没有必要多加论述，但我只想说一点。纵使其发源于足利义政时期，京都慈照寺的东求堂确实也有一个四叠半[1]的房间，但是，我想茶室得以完善成形，应该是那很久以后的桃山时代了。这个时代的茶人皆一心向禅，追求"禅茶一味"。当时杰出的茶道大师千利休继承发展了他的老师——武野绍鸥[2]的自然主义，又升华了"禅茶一味"的境界，把原本四叠半的茶室缩减为一叠半。这种茶室遵循了"侘[3]主义"，是通过禅味洗净铅华的自然主义的体现。

茶室立足于这样的自然主义，那么伴随茶室而修建的茶庭，当然也是基于禅道精神的自然主义庭园。当千利休还被叫作兴四郎的时候，堺市发生了火灾，他的家也被烧成了一片废墟。这时他的老师武野绍鸥来探望他，看到他从灰烬堆中捡出一些瓦片搭在一起，

---

1. "叠"就是一张榻榻米的面积，约1.62m²。传统和室中的茶室规格为四叠半。
2. 武野绍鸥（1502—1555）既是千利休的老师，也是日本茶道创始人之一。
3. 朴素无华的闲寂情调趣味。

慈照寺东求堂茶室

权且充作风炉，在上面安置了茶釜，正在烧水点茶，不由得赞叹"此人他日必成大器"，其茶道精神从这个故事中也可见一斑。

茶庭伴随茶室而生，它的造园理念大体如上所述。但如果光说茶庭就是自然主义庭园的话，可能会比较抽象，我再简单介绍一下茶庭。

茶庭原本就是茶室附属的小庭园，从它自古以来被称作"露地[1]"就可看出它与纯粹的观赏型庭园性质上大不相同。换言之，来往茶室的园中道路正是它的主体部分。

桃山时代的庭园究竟发展到一个怎样的程度呢？首先是从利休那时开始立足于侘主义，呈现自然之美，去往茶室之人仿佛置身于深山之中。后来又鉴于实用性形成了一种固定形式，即露地要分内外，中间由篱笆隔开，篱笆上有木门。外露地有等候室，内露地

---

1. "露地"也可以指庭院内的狭窄的道路。

定式¹茶庭全图

建茶室。园内曲径通幽，路上铺设飞石²，左右搭配树木石头。必要的地方设有照明设备，也就是石灯笼。另外，内露地设有蹲踞手水钵³用于净手。蹲踞其实是模仿深山中长满青苔的岩石间涌出的涓涓清流，是实用性设计与自然主义相融合的结果。另有关于飞石的铺设，千利休把实用性放在第一位，按"六分方便，四分景观"布置。而古田织部⁴则是运用他高超的技巧实现了"四分方便，六分景观"。虽然古田的设计也是把实用性放在首位，但他认为摆放成一条直线太枯燥。虽说如此，特意在不必要的地方摆放飞石形成弯拐也不自然，因此，不能刻意铺设飞石绕过庭木和草丛，而是在石板路拐弯处种草或其他植物，空白之处再用添石填补。总之，不管什么情况都不能忘记石板路是一条"路"。由此我们可以知晓千利休对"飞

---

1. 一定的形式，固定的模式。
2. 类似中国的汀步，庭园里间置的不规则石板，供脚踏用。又叫踏脚石、步石。
3. 使用这种手水钵净手的时候需要蹲着，所以称为"蹲踞"。
4. 古田重然，千利休的得意弟子，被千利休称为自己茶道的唯一继承人，"利休七哲"之一。

石"的设计理念。而且,即便是喜欢卖弄技巧的织部,也并未完全按个人兴趣布置飞石,即便只是"四分方便"也是考虑了实用性的。但后世的"数寄者[1]"在铺设飞石之时,则多是过于玩弄技巧,而与实用相去甚远,不得不说他们是误解了茶道先辈们的想法。

蹲踞

其次,石灯笼作为茶庭的造景元素之一,也从本时代开始流行起来。当时的石灯笼跟现在不同,形式上没有任何约束,极为自由,所以如今各种类型的灯笼样式,当时在造园上并不太被看重。

我们原本就不知道室町时代以前是否有庭院装饰的石灯笼。室町时代义政执政时期,茶人们渐渐开始使用石灯笼,之后从室町时代末期一直到桃山时代都颇为流行。因此,石灯笼的发展是与茶道密不可分的。也就是说,茶道的流行使修建茶室成为必然,因为

1. 爱好茶道的人。茶艺家。

茶室大多要使用灯笼作为茶室的照明设备。

　　茶道本质上就是追求"侘（幽寂、闲寂）"的，这也是茶庭造景元素的重要条件，因此灯笼只有实用性是无法满足这一点的。于是便从寺院请来供灯，或者仿造供灯的样子制作灯笼，比如被称作橘寺形、祓殿形、柚木形、水屋形、西家形、三月堂形、元兴寺形、太秦形的石灯笼，就是模仿寺院的寺院里的供灯而来的，所以在形状上没有统一的标准。位于泉州[1]堺市的南宗寺实相院茶室前，以及堺市妙国寺里的地藏灯笼，号称千利休所爱，这种灯笼也是模仿供灯建造的样式。桃山时代的茶人把石灯笼作为非常重要的庭园造景元素。据说千利休将自己的石灯笼送给了细川三斋，三斋对此十分喜爱，经常赏玩，以至于留下遗言说要将它作为死后墓碑的石头，茶人对石灯笼的钟爱可见一斑。

　　然而，还有另一种灯笼与这些献灯的仿制品截然不同，是由茶人或造园师根据自己的兴趣设计的，形状各异，数量繁多，有珠光形、绍鸥形、利休形、有乐形、三斋形、织部形，等等。这种石灯笼的样式设计自由多变，现在仍有许多实例留存。

　　灯笼如果仅从实用上考虑的话，应该在中潜[2]、腰挂[3]、手水钵、刀挂[4]、蹦上[5]等处各建一个，但考虑到数量太多则有损庭园的风雅景致，于是只在一两处建灯笼当两三个用。这些灯笼的后面或旁边必须栽种庭木，叫作"灯笼控之木[6]"或"灯障之木[7]"，这跟瀑布旁的"泷障之木"意思完全相同。石灯笼四周掩映树木，以便让灯

---

1. 大阪南部泉州地区。
2. 中便门。位于茶室的内庭（内露地）和外庭（外露地）分界的竹门。
3. 露天凳。举办茶道时设于茶庭内的休息处。
4. 刀架。设于茶室外壁的木架。
5. 门槛处。
6. 意为"在灯笼旁边的树木"。
7. 意为"遮掩灯笼的树木"。

光可从幽深处渗出——为的就是营造这缕韵味。后来，灯笼的使用逐渐脱离了实用性，即便是安放在必须照明的地方，也只是出于茶庭景致的考虑。最后石灯笼又渐渐应用到了普通的庭园上。

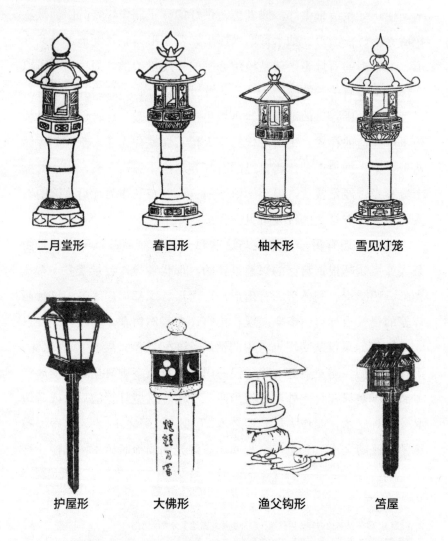

二月堂形　　　　春日形　　　　柚木形　　　　雪见灯笼

护屋形　　　　大佛形　　　　渔父钩形　　　　笛屋

以上就是关于飞石和灯笼的大致情况，另外再说一下手水钵。桃山时代的手水钵和灯笼一样，都是石制器皿，大小不一，形状各异。现京都粟田口青莲院的"一"字形大手水钵是丰成秀吉生前心爱

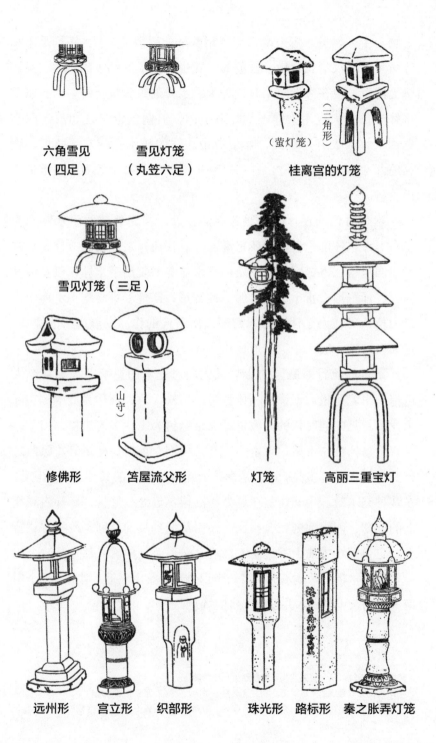

六角雪见
（四足）

雪见灯笼
（丸笠六足）

（萤灯笼）

（三角形）

桂离宫的灯笼

雪见灯笼（三足）

修佛形

（山守）

笃屋流父形

灯笼

高丽三重宝灯

远州形

宫立形

织部形

珠光形

路标形

秦之胀弄灯笼

之物，十分珍贵。堺市南宗寺实相院里的袈裟挂[1]手水钵则是千利休所爱，不仅形状自由，摆放的方式也遵循了千利休的自然主义，毫无约束。现在来看那个时代关于手水钵的大致规定的话，石制手水钵通常是大庭用大钵，小庭用小钵。但偶尔也与之相反，即小庭用大钵，大庭用小钵，非常自由。钵的排水孔通常为圆形，直径约九寸，深度约八寸，钵口打磨平滑，出于重量的考虑底下也要用石材。

这个时代的设计者按照各自的爱好，自由修建的手水钵成为了日后手水钵的原型。也就是说江户时代流行最广的四方佛、桥杭形、圆星宿、方星宿、石水瓶、石水壶等书院用手水钵，以及司马温公、涌玉形、富士形、唐船、铁钵形、鮟鱇形等蹲踞手水钵，都是由桃山时代乃至江户时代初期杰出茶人的作品发展出来的样式，正如石灯笼一般。

茶道的流行对庭园的影响甚大，对庭木的影响之大更是令人震惊。也就是说，据说千利休那时只用松、竹、苔作为庭木，实际上我们看见的同时代的庭园也是以常绿树为主，多为松树、山茶、冬青、乌冈栎、木斛、青木等，开花树则有梅树、桂树等，除此之外其他树木并不多见。这也是禅茶所追求的闲寂的具体表现。但是，在栽种庭木时，千利休是在近处种高树，远处种矮树，奉行由高往低的原则；而织部则完全相反，采用从低到高的原则。两种方式皆有一定道理，本质上都遵循了自然主义。而且据说织部是第一个用冷杉作庭木的，片桐石州[2]第一个用竹子，桑山左近[3]则是第一个用南天竹的，可见庭木并没有严格的规定。

---

1. 像披袈裟一样，从一边的肩头斜着披到另一边的腋下。
2. 德川四代将军秀纲的茶道老师，制定了武家茶道的规范《石州三百条》。
3. 安土桃山时代至江户时代前期的武将、茶人。千利休长子千道安的徒弟，片桐石州的师父。

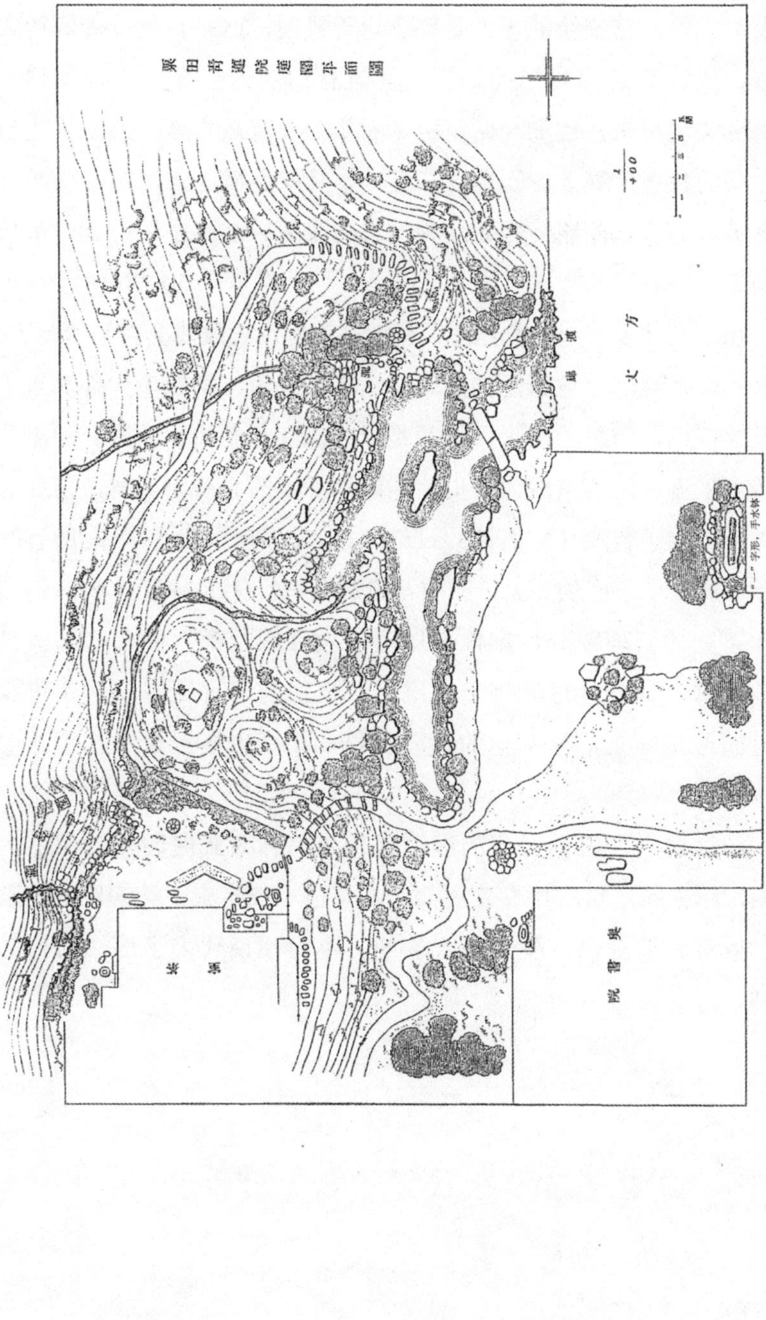

栗田青蓮院庭園平面図

火 方

一字形、手水钵

院書奥

滝渡

地 涧

堤

青蓮院庭园平面图

045

茶庭的造景元素均是遵循"侘"的理念而建，它表现自然的方式与日本庭园自古以来的表现自然的手法有些许不同。这种表现局部自然的手法萌芽于银阁寺[1]庭园（慈照寺庭园），后来逐步得到发展完善，它描绘的不再是整个自然景观，而是自然景观的构成要素，设计者运用自己的知识对其进行适当的搭配，把极其细节的部分表现出来，比如一两组树木石头的布置或青苔、竹子等物自然生长的状态，等等。露地（茶庭）本身就性质而言，是一条经过特殊装饰的步行园路，因此这种局部的表现手法也是最合适、最巧妙的。

　　由千利休发展起来的露地，也就是茶庭，大致情况就是如此了。后来有许多继承了他思想的茶人在设计茶庭时，虽然多少都加入了自己的特色，但总的来说同样都是以"侘"为主旨。而且，随着茶道越来越流行，茶室成为了贵族宅邸和寺院的必备附属物，茶庭也极大地影响了普通住宅庭园的设计。进入江户时代后，终是所有的庭园都加入了茶庭的要素，园中都设有茶庭，大的林泉式庭园也被看作茶庭的延伸部分，据称小堀远州设计的京都桂离宫庭园就是最佳范例。另外，灯笼用于茶庭后，也成为了普通庭园必不可少的庭园造景元素，与其他的造园材料一起，也慢慢有了古董方面的价值。

　　一言概之，桃山时代的庭园是传统的林泉式庭园受到茶道的影响，越来越注重实用性发展而来。茶道不仅带来了纯净雅致的茶庭，也对普通庭园产生了极大影响，不得不说代表了那个时代的精神。

1.慈照寺观音殿的通称。是足利义政于1489年建造的宝形造二层楼阁，上层计划仿金阁贴银箔，但未实现。

5. 江户时代的庭园

现今留存下来的名园中还要数江户时代的庭园（详见第三章）数量最多。这个时代的庭园比较复杂，种类繁多，性质各异，要想如久远年代的庭园一般进行简述是很困难的。因此，我先叙述一下这个时代的建园理念。

首先要考虑的是这个时代庭园的普遍风格。江户时代初期以来大兴造园，大诸侯的宅邸之中必须建有与之相称的庭园。江户城（现皇居）也是如此，本丸[1]的将军居室前有筑山庭，吹上御苑[2]更是闻名天下。除此以外，大名[3]以及旗本[4]的宅邸之中也都有相称的庭园。这些庭园大体上是继承了桃山时代以观赏型和回游式为主的造园风格。江户时代初期回游式庭园的建造风格定型，此后渐渐拘泥于形式——遵循先例，一石一木的布局都要墨守成规，最终导致连最自由的茶庭都无法摆脱形式上的束缚。松平不昧[5]曾对此十分愤慨，呼吁回归真正的茶道精神。

然而，乘着文艺复兴的热潮，也有不少作品表现出复杂多样的情趣，例如古学派、儒学派及与其他学术相关的庭园，还有呈现出连续性空间、时间的实景缩写型庭园。这些庭园到江户时代才出现，桃山时代以前根本闻所未闻。

因此，我想先讲述经由小堀政一（远州）发展完善起来的回游式庭园，然后再展开介绍一下这些不同情趣的庭园。既然按顺序

1.（日本古时）城堡最中心的部分，筑有天守阁，战时成为城主的住所。

2. 现皇居内苑（御花园）。位于旧江户城西北部。

3. 江户时代俸禄在 1 万石以上的直属将军的家臣，约有 260 至 270 家。

4. 江户时代俸禄在 500 石以上、1 万石以下的直属将军的家臣，有资格拜谒将军。

5. 江户时代松江藩主松平治乡，以其号"不昧"为人所知。学习石州流派的茶道，创立不昧流，也是著名的茶具收藏家。

来，我就首先讲一讲江户时代的庭园概况。

江户时代，庭园可以分为书院庭园、茶庭、后苑三种，而书院的庭园中有假山和平庭，假山表现的是深山幽谷，平庭则描绘出海岸岛屿。江户初期主要还是遵循先例，当然中期以后情况也差不多。但是，小堀远州等人受到室町、桃山时代名园的启发，在先例上进行多处修饰，使得风格变得艳丽，更迎合时代潮流；之后则是愈发细腻，虽然其大体布局没有明显改变，但是在细节方面逐渐加入了该时代的元素。因此，江户时代的庭园不分大小，其形式大同小异，越到后期，其形式的相关规定越严密，与其他艺术一样有过于注重形式的弊端，最终连庭相的真行草三格也越来越严苛，相应的技法也各有师门。虽然流派有流派的形式规定，但其实这些看似死板的造园规定仅仅只是一个标准，实际上很多庭园是根据园主的兴趣和设计者的想法与技巧进行建造的。

那么，当时作为标准的规定是怎样的呢？看看当时广为流传的造园秘传书就会发现，大多都是对室町时代造园理念的收集整理，手抄本暂且不论，正规出版的造园书有《筑山山水传》（相传是相阿弥之作）。但此书讲的也完全是室町时代的造园理念，对真行草三庭相的描述也十分模糊，只是讲了个大概方向。想来跟普通建筑相比，造园确实性质大不相同，所用材料均为天然之物，所以严格照搬的法则反倒会成为桎梏。

然而，这个时代在任何事情上都会有相应规定，虽然并不是说每一件每一条都要满足，但最终这种严格的约束还是出现在了造园上。继享保二十年（1735）出版的《筑山庭造传》（上）（北村援琴著）之后，文政十二年（1829）又出版了《筑山庭造传》（下）（篱岛轩秋里著），该书所记载的相关规定被后世奉为造园的金科玉律。因此，《筑山庭造传》可以说是为该时代造园家提供标准的指南，诸如平庭等样式在当时也广为运用。

篱岛轩秋里的《筑山庭造传》（下）是最晚出版也是叙述最详细的，它的造园理念跟相阿弥的《筑山山水传》及藤井援琴（北川援琴）的《筑山庭造传》（上）并无不同，只是内容更细化，规定更严格而已。我们来看看里面关于真体假山的规定，可以发现书中把室町时代的树石配置视为绝对的规定。该书把本来是两种石头的主人守护石（不动石）和泷副石解释为同一物，对泷副石、拜石、请造石、控石、庭洞石（上座石）、蜗罗石（伽蓝石）、月阴石、游鱼石等石头的形状和位置都有严格的规定。加之在树木方面也对形态和位置有规定，比如正真木、景养木、寂然树、泷围、夕阳木、见越松、流枝松，等等。山又可分为一山、二山、三山、四山、五山，它们的形态和位置又有极其详细的说明。行体的假山比真体假山略简，草体假山则比行体更简化。假山代表着深山幽谷，平庭代表着海岸岛屿。另外，关于平庭，书中采用了与筑山庭大致相同的图解。

　　我不认为这里需要详细阐述该书的内容，但其主张与室町时代乃至桃山时代的庭园大体是相同的。本书所述的真行草庭相一说固然存在，但是否得到了严格的执行，这点是存疑的。我们可以把现今残存的江户时代庭园看作形式至上的时代留下来的"有形秘传书"，它们大多都只是在主张上与本书的说法一致，并没有严格遵守上述的规则，也证明了这一点。

　　那么为什么还需要那些秘传书呢？桃山时代至江户时代初期，逐渐被认可为专家的造园师最终成为一种谋生的职业，可以说同时代的大多数庭园均是出自这些造园师之手。于是我们有理由相信，这一方面是由于从事造园的人没有任何资质；另一方面则是因为当时在任何方面都重视形式和秘密，才导致这类著作大受欢迎。故而杰出的茶人、文人等才敢于不拘泥于此等约束，在造园时充分发挥其个人喜好，从而自成一派美学规律，留下了让人叹为观止的名园。在此，我可以说，那些秘传书中所记载的内容，就是窥探了这些名

（二）守护石（不动石、涣副石）（三）守护石的石组（三）拜石
（四）请造石（五）控石（六）庭洞石（七）蜗罗石（伽蓝石）（八）
月明石（九）名称说明无（十）游鱼石

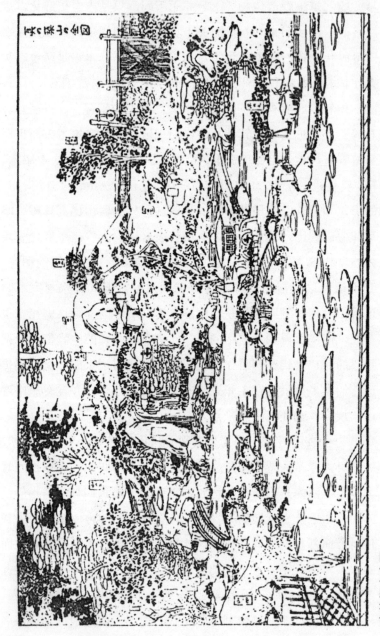

真体假山全图

050

『筑山庭造伝』
全图 真体平庭

江户时代的庭园

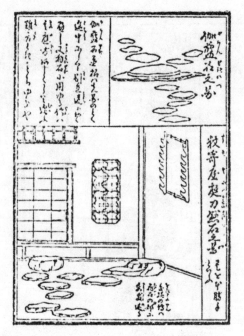

伽蓝石之图

园大体主张的东西。特别要说一下元禄年间的（山水庭造）《诸国茶庭名迹图会》这部著作，上面所记载的庭相含有很多虚构的内容，甚至作者纯粹纸上谈兵的内容，上面的玉涧[1]样山水、御成庭[2]之类确实反映了那个时代的潮流。

　　通过以上的介绍，大家应该对江户时代的造园倾向有了大致的了解，接下来再叙述一下具体内容。

　　首先，这个时代不得不提到的就是我之前所说的远州派庭园。小堀远江守（"远江守"为官职名）政一活跃于江户时代初期的造园界，远州派庭园就是他常使用的一种典型造园风格。从严格的意

---

1. 中国南宋时期的禅僧画家，前文有提及。
2. 庭中不设围墙，以防有人藏匿，因此常用于皇家、摄政家族出入门庭所用。

义上讲，也有说其起源于相阿弥，所以也可以说是相阿弥派；甚至可以溯源到梦窗国师，所以称作梦窗派貌似也无不可。虽然我并不否认这些东西是从同一系统派生而来的，但传闻是小堀政一所建造的庭园中，有不少元素无法确认是他的主张；而且他的造园方针符合时代潮流，同时其式样最具有普遍性，因此广受欢迎。不仅如此，其外形极易模仿，于是江户时代初期，诸侯争先恐后地向他的庭园学习，以至于后苑基本上都是效仿政一的建筑模式。之后，人们的生活方式并无较大变动，伴随阶级制度的形式主义承袭了下来，使得江户时代二百多年间的庭园以江户初期不可动摇的典型——远州派为标准，直到明治、大正时代为止都备受推崇。

那么，远州派造园法的小堀政一在造园上有着怎样的主张呢？其实他还是活跃于桃山至江户初期的茶道大家。按流派来讲，他师从古田织部，又是把利休主义理解得最透彻的人。因此，他的主张结合了千利休的自然主义与古田织部的技巧主义，是在理解了两者的基础之上运用自己的智慧融合提炼之后的产物。

如此说来虽然简单，但更详细点的话，政一的自然主义必须追溯到千利休。千利休的事迹正如前面桃山时代部分所记述的那样，他得到丰太阁[1]的赏识，受人景仰，被誉为一代大宗师。他的主义是纯粹的自然主义，但其自然主义也并非他的发明，而是继承了其师武野绍鸥的思想。

那么，茶道的自然主义是绍鸥特有的思想吗？其实并非如此，在室町时代已经作为珠光[2]的主张出现，由珠光的门人道耳传给宗悟，再由宗悟传给了绍鸥。这么说来，珠光主义究竟是什么呢？其思想源于"茶禅一味"，这点无可争辩。

---

1. 丰臣秀吉将关白职务让与养子丰臣秀次后，自称"太阁"。
2. 村田珠光。被后世称为日本茶道的"开山之祖"。

像这样，自然主义最终传到了千利休这里，造就了他建于堺市的露地，正如宗旦[1]在久须见鹭巢茶席上所言。茶庭真实展现了雨后山路上到处砂石显露的景象。

再说到小堀政一的老师——古田织部正重胜（"织部正"为官职名）又是怎样的呢？他也是一代茶道名人，师从利休，得到了"侘主义"的传承，但是他又在其师的思想上进一步发展——他每次得到文玩字画都会破坏再修补，致力于通过这种方式表现幽趣[2]一事中也可见一斑。这种极端的技巧主义，在当时的茶汤界兴起，学习他风格的人也相继做出了成绩。然而，织部的技巧源于利休的自然主义，他是为了展现幽趣而使用的技巧，这点最值得重视。而他的出发点也是对自然风趣的欣赏，这点也是不能忘记的。

小堀政一则是跟随了这些人的脚步，得到了立足于自然主义的技巧主义的传承。因此，倘若政一只是一名普通的茶道宗师，就会毫不犹豫地继承古田织部的思想并墨守成规的吧。但是他却独具慧眼，在理解老师主张的同时又追本溯源，领会了从珠光到利休时期形成的自然主义，再顺应时代潮流形成了自己的主张。从丰太阁时代开始，日本贵族间盛行的茶道，纵使并非出自单纯的兴趣爱好，也确实达到了颇为惊人的流行程度。诸侯无论大小，无人不学利休，最终形成了一种趣味趋势，直至江户时代。

如前所述，桃山时代至江户时代茶道盛行，利休以后，于庭园中修建茶室，使得庭园加入了与茶道相关的要素，露地因此得到发展。传统的寝殿式观赏型庭园摇身一变，成为了数个相连的露地。大体上看，既具备传统的林泉风格，又兼具有露地的性质，观赏性

---

1. 日本茶圣千利休之孙，千家茶道"中兴之祖"。
2. 茶道的意境。优雅恬静的情趣，雅致的风情。

与实用性并存。真正看穿这种倾向的正是小堀政一。这样，他并不单单受时代潮流的影响，还在一定的方针下得以实施，没有丝毫的错误之处，也正是他惊人的卓越之处。

现在再来看看被誉为古今名园的京都桂离宫庭园（参 P137），大体上是遵循了传统的林泉式，但在细节设计中可以看到很多新颖的技巧。首先应该关注的是庭园与其环境的关系。该离宫尽管位于桂川之畔，是可以四面观景的形胜之地，却故意把四周围起来遮挡视线，使得这座大型庭园宛如脱离世俗的一处仙境。远州应该是从利休的茶庭中得到了启发，同时也是他煞费苦心的结果吧。对于设计了著名的大德寺方丈东庭的他来说，无视桂川周边的景致是不可能的事。或许他最开始也想利用周边的景致，但最终还是不满足于只建成普通的借景园吧。

因此，桂离宫的庭园在其根本上有着伟大的技巧，但从其细部的手法来看，与其说是他的发明，倒不如说是他集前人之大成的自由尝试，甚至禅院建筑的局部设计也经由他手成为了庭园素材。该离宫御车寄[1]前的所谓远州真体飞石设计，就是把长方形和正方形的石头巧妙地排列在一起，乍看之下似乎是个奇特的创意，但实际上只是传统禅院的常见要素，远州不过是借用了而已。

如上所述，远州在造园上是有技巧的，那么他对于整园的设计又当如何呢？这正是我想说的——他所建造的庭园与茶道有着最密切的关系，多以池塘为中心，建岛搭桥，四周环山，修建园路，相互之间巧妙地联系起来，得以环游庭园。茶室建在庭园内，乍看之下像一个大型庭园，但仔细一看，却是数个连续的露地。这是因为茶道的盛行才出现的需求，而小堀远州这种天才横空出世，该庭院样式才得以建成。王朝时代表现大自然风景的风景园、庭园分内

---

1. 玄关前设置的上下车的地方。

桂离宫松琴亭

松琴亭飞石

　　大石桥旁并未设置蹲踞水手钵，而是让人走下石头，在池水中漱口洗手，是一种代替手水钵的技巧。这种设计在江户蓬莱园也能见到。

外，不适合回游。但远州运用他的聪明才智想出了一个办法，即以传统的造园法为基础，再融入自然景观。也就是并非展现一幅完整的大风景，而是借鉴了部分自然要素，并按照他的喜好呈现连续性的布置——这种方法任何庭园上都可以利用，非常方便。可以说，这种变化基于传统造园主张而且得到了实施。因此，水池，河流，瀑布，岛屿，从其部分结构来看都是在描绘自然，但其各要素的配置完全是根据造园者的思路来的。在园路中行走时，每一步都让人感受到独一无二的风情。这种造园思路在远州之前已经有人已经进行了小规模尝试，利休等人在茶庭中也常用此法，但像远州这般用于大规模的回游式庭园却是没有的。而且茶室的待合[1]、腰挂、手水钵、灯笼、飞石等均为表现自然要素，实际上却运用了诸多技巧。这些东西脱离茶道是完全无法解释的。最终，像飞石灯笼这些茶庭元素也成为了普通庭园的建造材料。

1.（茶道会的）客人等待的场所。

桂离宫镰形手水钵

上述远州的造园技巧不仅仅在桂离宫庭园能看到，在其他被认为是他的庭园作品中也都很常见，可以说他的一生确实是把造园技巧发挥到了极致。而且，他的主张最能符合时代要求，这一点毋庸置疑。在他建造桂离宫后，马上就人模仿并且取得了成功，因此，我认为江户时代初期建造的庭园，大都属于远州派。

然而，江户如前文所述，是个形式完备、遵循守旧的时代，因此人们视远州派庭园为范本，误以为远州手法是不可动摇的规则，很长时间都墨守成规，这与江户时代的社会趋势是非常一致的。

江户时代建造了不少庭园，绝大多数都可算作远州派庭园这一个类型，但即便如此也遮盖不了这些庭园对时代趣味的展现。我在这里想举一个最极端的例子。

室町时代之后，基于禅僧乃至禅趣味思想形成了主观抽象的庭园风格，这些庭园从桃山时代起就含有诸多茶道的元素——这些内容在桃山时代庭园一节中已经讲过。但之后进入江户时代，随着趣味倾向的转移，不用说多少是有些变化的。江户幕府为了巩固政治基础，实行诸侯"参勤交代[1]"的制度，因此对道路进行了修整，使得国内的旅游变得相对容易。这样一来，老百姓当中掀起了旅游热，人们普遍都对旅游产生了兴趣。越来越多的人想要来一场轻松之旅，比如可以去探访以往只能在和歌中听到的各种名胜古迹。像这样尝试着悠闲的旅行的人也逐渐增多。不得不说这种趋势也渐渐地反映到了庭园之上，所谓缩景式庭园就是最好的例子。

缩景式庭园原本早在平安时代就有，虽然在造园上并不算是高端的，但在进入江户时代之后频繁出现这种风格的庭园，恐怕是因为"参勤交代"引发的旅游热吧。而且缩景式庭园就性质而言，不可避免地对实景模仿得越像，反倒在趣味方面越是掉价。

如此，有人认为缩景式庭园流行是庭园史上的巨大退步。但是仔细调查就会发现，虽然都是缩景，但平安朝时代与江户时代却有极大的不同。也就是说，平安朝时代的缩景式庭园仅仅只是模仿单个名胜古迹，如天桥立或松岛；而江户时代的缩景式庭园虽然也是模仿，但进一步发展，采用了连续的实景呈现。其中，最好的例子莫过于尾州侯的户山庄。这个庭园描绘了连续的风景，有山有水又有桥，还有城镇村庄，更有神社佛阁，镇上有商店、饭店等，旅行者途中所见之物应有尽有。但这种近乎滑稽的低级趣味在当时却作为天下名园备受推崇，这个时代的审美倾向也相当有趣。

户山庄相关记录留存下来的很多，图片也不少，现在虽然已经被陆军户山学校及近卫骑兵联队占用，但还是可以大致推测出它原来的面貌。当时德川氏（尾张名古屋）所有的这片土地总面积136281.5坪，占地大部分都是庭园，规模之巨大在日本可谓前所未有。户山庄修建于宽文七年（1667）至元禄六年（1693），历经

---

1. 江户幕府的大名统制政策之一。让各个大名轮流在江户和领地居住的制度。

二十余年，其规模之宏大、设施之完善被誉为"天下无双"，十一代将军德川家齐称其为"天下第一名园"。

户山庄古图

如此规模宏大的庭园，名声最盛却是在宽政[1]前后。从地形上看，它的东南部和西北部有丘陵，中间是两万坪的大池塘，池的东角建有溪谷、瀑布等，东南的巨大山丘西南麓有河流，正寝的余庆堂就在这座山丘之上。而正殿还另有附属于当时书院的典型林泉式庭园，但本园的主体仍然是江户时代的后苑，与余庆堂的庭园完全是不同的类型。

根据现在留存下来的记录及图片来看，前面所讲到的大池塘略靠近中心的位置架有琥珀桥，庭园设施建于池边及山丘之上，每个部分均表现出了十足的时代趣味。其布局为回游式，理念立足于茶文化，建有鹤龟两岛，这些确实是远州派一系的造园风格，但比起园内设有园林堂、赏花亭的桂离宫更夸张。神社佛阁就不用说了，还模仿了各地的名胜，村镇两侧房屋鳞次栉比，入口竟然还立有告

---

1. 光格天皇时代的年号（1798.1.25—1801.2.5）。

示牌，上面写着"除非发生争吵打斗，官府差役和百姓不用阻止劝架报告衙门""城中可以强行购买""严禁砍伐竹枝树枝""禁止乱堆杂物""人马滞留无所谓"等条款。从这些近似玩笑般的语言也可见时代趣味低级的一面。而城中两旁的商店中，扇子店、文具店、玩具店和汉书店这些就不用说了，还有挂着杉树叶门帘的酒店、茶铺、陶器店，当中最令人称奇的是破风造[1]的药店，金属牌匾上写有朱红的"蜜渍丹"，幕布上印有龙服丸、荔枝丸的图案，甚至还有东海道特产"外郎[2]"的仿制品。不仅如此，每个路口还设有木门，建有番小屋[3]等，旅行趣味在庭园上得到了充分体现。除此之外，这座庭园中也有江户时代普通庭园可见的草坪、马场。

其次，江户时代的庭园可以看到造园者的特殊趣味。江户时代的文化愈发复杂，技艺进步显著，因此对学术研究感兴趣的人不少，故而有很多庭园都能看到造园者的个性和特殊趣味。

这里我以六园为例。本园位于小石川大塚，是松平定信[4]的别墅。定信于文化[5]年间得到这块地，然后根据他的喜好经营这座园林。此处地形高低分为三段，占地大约两万坪，整个园子分为六个区域，分别是集古园、攒胜园、竹园、春园、秋园、百果园，各区域都通过园路连接起来，但又各自独立。集古园、攒胜园、百果园这些园子就完全没有相似之处。

现在来看本园，北门进去就是集古园，这里可以看到用复古材料搭建的建筑。出了集古门往东走就是攒胜园，这里汇集了各地有名的植物，挖有池塘，池里甚至栽有来自各地的水草。从攒胜门出来，从

---

1. 博风造。日本建筑中将屋脊作成山形、在其两端设山形板的屋顶构造。
2. 日本江户时代的一种祛痰除口臭的药丸。
3. 哨所，执勤的小房子。
4. 江户时代的大名、政治家。陆奥国白河藩第三代藩主。江户幕府第八代将军德川吉宗的孙子。
5. 日本江户末期的年号（1804.2.11—1818.4.22）。

南边上坡，可以看到用白河阿武隈川的埋木[1]及白河产的木材建造的时雨亭。亭子南边是一大片草坪，这里种植的花卉以海棠为主。再往前走，就是六园的中心建筑六园馆。其西南面是竹园，这里汇集了几乎所有的竹子品种。再往下走一段就是梅林，经过樱花树的春园以及红叶尾花的秋园，向北走有个半月形的小池塘，越过柴桥[2]有个小亭子，从此往西南就是百果园，这里种有各种果树，就是今天的果树园。

这座庭园乍一看似乎是盛行于桃山时代到江户时代的回游式庭园，但其内容却大不相同，设计自由全凭乐翁侯的兴趣，不受造园规则的限制。但是从艺术的角度来看，究竟是否能称得上是佳作还是存疑的。不过这种实用主义的造园理念倒是有意思。其要素在其他江户时代庭园中也经常看到，但还没有过如此无拘无束地发挥个人兴趣的例子。而且本园的布局看似支离破碎，但把"集古""攒胜"这些主人的性格爱好融入造园之中，让人情不自禁地受到主人的影响。类似这样的庭园也不在少数，也逐渐成为江户时代庭园的一种造园倾向。

另外，江户时代的庭园中值得关注的是，庭园的实用性要素和花卉的复苏。这个时代的庭园是自室町时代以来发展起来的回游式庭园和平庭，但是随着时代的发展，渐渐地因为禅味不受束缚，规划自由，正如前文所提到的那样。更令人感兴趣的是，进入江户时代后，庭园中加入了实用性的要素。

日本的庭园自古以来就一直以观赏为主，近世之后，大型庭园明显具备了实用的要素，除了单纯的观赏之外，还有实在的用处。有这种规划理念的庭园还不少，现在我想在这里就其中的两三点进行阐述。

---

1. 用来填塞裂缝和间隙的木片。
2. 用木柴等杂木搭建的桥。架设于庭园的池塘之上。

要说只关注实用性、忽略观赏性的庭院要素，我首先想到的便是鸭池。这里所说的鸭池往往是江户时代大型庭园的附属，现在也能看到，其目的就是把鸭子集中起来方便捕捉。绕池一圈的土堤上种着茂密的箱根竹，池中心筑有中岛，用诱饵将野生鸭子引到园中，再将其引入连接池塘的水渠之后用网捕捉。因此，鸭池虽说是庭园的一部分，但作为原本的观赏型庭园是没有什么价值的。但是，江户太平时代的武士们喜好狩猎，于是在山野里放鹰玩乐，在庭园中通过巧妙的机关成功捕捉鸭子，两者如出一辙。这也可以说是日本庭园史上划时代的发明。

又因为这个时代的武士在和平时期必须习武，所以园中有弓箭场、马场，如今遗留下来的江户大型庭园中也时常能看到这些元素。水户的偕乐园（现在的常磐公园）为了防备战事发生，在正门附近的土垒上栽种矢竹，为了生产军用梅干而大量栽种梅树，传说

江户鸭池

这些都是出自烈公[1]的考量。如果这是事实，那么这种造园倾向与松平定信的六园极为相似，都是个性的表现。

以上都是直接利用的元素，也有间接利用的元素。该时代大型庭园里的农田就属于这类。但凡是立足于自然主义的庭园，就是要模仿自然的风景，以"自然缩影"为宗旨，这是显而易见的。虽然我们可以认为农田就是对田园生活的表现，但是园主与其说是为了表现自然，不如说更是为了其实用性。但这并不是说就是为了粮食和蔬菜。其主要目的是不忘被视为国本的农业，让习惯了城市生活的人，甚至是大臣和侍女，都要知晓农事的辛苦。庭园中的农田是为了让耕种的人亲身体验从种到收的过程。

这样的农田被庭园设计者巧妙地处理，成了庭园的构建素材之一，不单单具有实用性，作为观赏的对象也决不会让看客有突兀之感。这样的设计在同时代也是首次出现。另外，茶园、花田、药园等也可以看作实用性的庭院要素。

其次，我想说一说江户时代用于庭园的花卉。日本庭园的造园理念向来都崇尚自由，王朝时代的园主按自己的喜好种植樱花、梅花、桃花、紫藤、棣棠、牡丹、胡枝子、菊花等花卉，展现的是单纯的自然主义。而进入镰仓时代，禅宗（后来影响了室町时代思想）又造就了一种新的趣味倾向，庭木采用四季都能保持同一色彩形态的常绿树。后来在茶人的影响下，常绿树越来越普及，花卉则越来越受到排斥——这并不是个好现象。故而，我们在京都及其他地方所见到的室町时代之后的名园，大多使用常绿的针叶树或阔叶树，松树、铁杉、柏树、丝柏、橡树、细叶冬青、木斛、山茶、杨桐、黄杨这样的品种居多，像樱花树这种在王朝时代盛行的庭园树木就落到第二、第三的位置上去了。然而，进入江户时代以后，文

---

1. 水户藩主第九代藩主德川齐昭。

化复兴之下古学[1]再次盛行，思想因此变得自由，极其复杂的庭园模式出现。尤其是大型庭园的流行，使得造园不可能再拘泥于禅院这种小规模庭园了。庭园的各部分都尝试着变化，像樱花树这种庭木又重出江湖——纵观江户时代诸侯的庭园，没有不种樱花树的。人们越来越喜爱樱花开放时带来的短暂美丽，像染井吉野（源自江户染井）之类的品种开始全国流行，时至今日，大型庭园中到处都能看到染井吉野的身影。樱花树作为庭园树木被广泛使用，自然给庭园带来了活泼之感，这与以往阴郁为基调的禅茶趣味的造园风格可谓天差地别。而这种倾向早就萌芽于桃山时代，但最为明显的则是江户时代。

花坛也是江户时代庭园中常见的景观，人们在庭园局部或中庭等处设置花坛种植牡丹、菊花等花供人观赏。日本人原本爱好自然之心由此得到体现。

最后，我想说的是"公园"。公园在江户时代庭园中最值得关注。

说起日本公园的起源，据说是明治六年（1873）一月十五日，太政官[2]发布十六号政令，责令各府县择地建园，东京的金龙山浅草寺（今浅草公园）、三缘山增上寺（今芝公园）、东叡山宽永寺（今上野公园）、富冈八幡社（今深川公园）、飞鸟山（今飞鸟山公园）这五个地方就成为了公园的选址。但是，布告上关于公园选址的指导意见，大意是要选择人流量大的繁华场所，而且是公有土地。比如东京的金龙山浅草寺、东叡山宽永寺境内，京都的八坂神社境内的岚山，等等[3]。而这些地方自江户时代以来人流量就很可

---

1. 古学派。近世日本儒学的一个派别。
2. 明治政府初期的最高官厅，庆应四年（1868）设置。
3. 当时的布告上只是说"三府ヲ始、人民輻輳ノ地ニシテ、古来ノ勝区名人ノ致跡地等是迄群集遊観ノ場所（東京ニ於テハ金竜山浅草寺、東叡山寛永寺境内ノ類、京都ニ於テハ八坂神社境内嵐山ノ類、然ニ此等境内除地或ハ公有地ノ類）従前高外除地ニ属セル分ハ永ク万人偕楽ノ地トシ、公園ト可被相定ニ付（后略）"。

观。而且记录当时神社寺庙境内的繁华景象的文字图片甚多，这里毋庸赘言。总之，明治初年对于公园设置只是指定场所。总而言之，明治初期的公园设置并不是新的规划，而是把原本就存在的庭园指定为公园而已。

除上述所说的公园外，早在江户时代就有先驱者以国民的健康与娱乐为目的制定了公园的方案，而且立马付诸了实施。那就是奥州白河城主的松平定信（乐翁）和水户的德川齐昭（烈公）。

浴恩园之图（松平子爵家藏）

世人皆知松平定信是当时杰出的政治家，其实他的文学造诣也颇为深厚，其兴趣涉猎之广也令人惊讶。他在江户的宅邸修建了六园、浴恩园等数座庭园，为后世造园家留下了个性庭园的典范。然而他却不满足于自己一个人欣赏，又为普通民众建造了白河的南湖公园，充分展现了他的人物性格，着实有趣。

南湖是有名的大湖，雅号是"関之湖"，占地广袤，东西约 7 町，南北约 2 町 55 间，周长约 21 町[1]。以湖为中心，四周修建园路，人们还可以在湖上泛舟游玩。即便是现在看来，湖北岸镜山上的赤

---

1. 町是日本的长度单位。1 町 =60 间，约为 109 米。1 间约为 182 厘米。

松林也是风景如画。面向南湖地势略高的地方就是锦冈，上面有个小型建筑——共乐亭，也是本园的中心。另外，湖上又有御影、下根二岛，沿岸有千代堤、千代松原、有明崎、松虫原、常磐清水、真萩浦、月见浦等十七景。这个公园原本就是天然的湖沼，再经过加工，确实是极佳的游览胜地。因此，南湖公园或许并无值得称道的艺术价值，但是其修建的目的却相当值得探讨。公园里立有白河儒者广濑[1]典记的石碑，上面有关于公园由来的明确记载。据碑文所言，此地原本荒芜许久，无人光顾，但定信将此改造成了百姓的灌溉用地，同时还定为民众泛舟娱乐的场所。其中心建筑的共乐亭，与他在水户的偕乐园一样，都表现了定信希望与民同乐的思想。他有一首以共乐亭为题的和歌也可以证实这一点——"山高水深，无论是谁都共聚赏乐[2]"，这首和歌表述的就是他修建南湖公园的目的。正因为他是一位各方面都出类拔萃的人物，这样的工程才得以实现。他还在这座园中定出十七胜十六景，每处景致都立有刻着雅名的石碑。另外在共乐亭的旁边也立有石碑，上面刻有和歌和汉诗。这些东西定信在江户宅邸的庭园也有尝试，其文艺趣味可见一斑。

　　定信修建南湖的目的很明显，就是为了民众的健康娱乐。比南湖公园更先进的就是水户的偕乐园。这座庭园的建造目的非常有趣，展现了德川齐昭的智慧。根据现存的偕乐园记载，他将人比作弓和马，"弓一张一弛，永存也；马一驰一息，恒健也。弓久张之，必曲也；马久驰之，必殆也。此之自然之势也"，阐述了人也需要休息的道理，宣扬公园的必要性。偕乐园也明显出于这个目的而建造，呼吁民众业有闲暇之时，携亲朋好友前来游玩。"是余与众人

---

1. 广濑淡窗，是日本江户时代末期有名的教育家、儒学家和汉诗人。
2. 山水の高き低きもへだてなく共にたのしきまどゐすらしも。

同乐之意也，命之曰皆乐园"，这与松平定信修建南湖公园出于同一目的。更令人惊讶的是，建园同时还制定了公园的管理规定并刻于石碑背面，包括公园的开园和闭园时间，园内禁止破坏风纪、损坏树木、采摘果实、无病乘轿、醉酒发疯、演奏俗乐、捕鱼打猎，等等。这些条款完全符合现在的公园管理规定，在天保[1]时期就出现了这样的先驱者，确实可以说是日本造园者的骄傲。

以上所述是江户时代庭园的概况，虽然这个时代的造园界乍看之下是对前人的沿袭，但仔细研究就会发现进步相当明显，这些进步是不能轻易忽略的。

---

1. 日本仁孝天皇时代的年号（1830.12.10—1844.12.2）。文政之后，弘化之前。

一

室町时代（1336—1573）

庭坪地形之圖

坪の廣さ狭さ多少あり
此圖の地形を以て
山水を作るべし又真
草行あつて山は鳥羽
なと車あり　石はかり
立つときも　此圖を以て
石を立べし　又よこへ
いかほどもながく　ちくえ
いかほど　ふかくとも　此圖
を以て　制はからふべき
ものなり

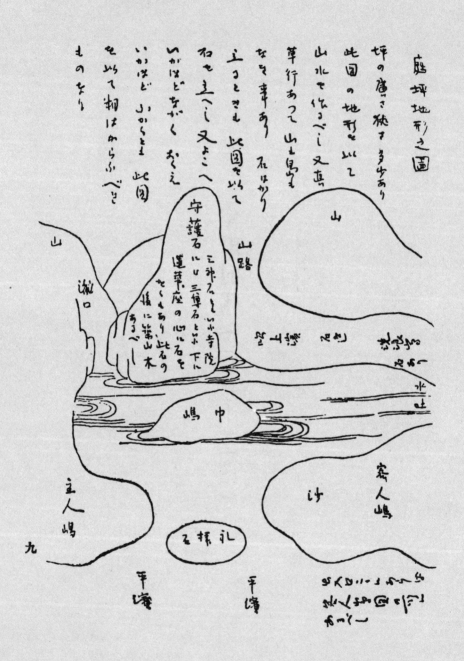

1. 鹿苑寺庭园　京都府葛野郡衣笠村

　　观鹿苑寺（1420 年，以足利义满足的法号"鹿苑院殿"命名）
的现状，其院内规模虽同往昔相比有所缩小，但从室町时代的珍贵
建筑金阁寺和它周围的庭园来看，便足以窥见它原先的面貌。并且，
据说金阁寺原本在镜湖池中央，池上架设廊桥。若该传说所述为实，
那么即使和今天的面貌多少有些不同，从该园的布局，我们应该也
能大致推测出其当初的面貌。

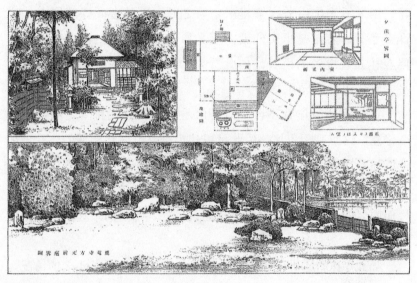

鹿苑寺方丈前庭

　　首先，从玄关旁的庭园大门进入，就会来到镜湖池的东南池边，
园路沿着池塘通往金阁寺，这条路虽然普通，但令人心情舒畅。此
外，金阁寺有一部分凸出建于池上，池中分布着以苇原岛、出龟岛、
入龟岛为首的五六座小岛，以及九山八海石（详见 P77）、红松石、
细川石、夜泊石等十多块立石，西南部有一半岛凸出。这种布局和
王朝时代形成的寝殿式庭园的样式没有任何区别。只不过在池边修

建金阁寺这样的楼阁，是立面[1]设计的一大进步。它与传统的寝殿式住宅中的钓殿、泉殿相比颇具匠心。这种庭园建筑的出现，自然也是受了中国文化的影响。并且，庭园之中修建楼阁这一现象在《作庭记》中也有所记载——大意为"中国人家中必定修有楼阁。房檐短的称为楼，长的称为阁。楼适合赏月，阁夏日可以遮阳。长房檐的设计冬暖夏凉[2]"，如此看来在镰仓时代也是知晓这一现象的。

现根据记录考据，应永年间（1394—1428）金阁寺建成之时，下令各大名兴修土木，唯独大内义弘[3]拒绝此事。所以说鹿苑寺庭园虽然是继承原先西园寺家的山庄，但在那时却从头到脚进行了改建。据说后来丰臣秀吉修建聚乐第之时，曾从金阁寺庭园中搬出许多名石。若这是事实的话，那么原来在镜湖池的池中和池边，便应林立着更多的巨石。如此看来，鹿苑寺的风格完全是沿袭了平安时代时的庭园风格。

这座庭园虽作者不详，但是由足利氏第三代将军足利义满下令修建，这点毫无争议，因此可以认为是室町时代初期的作品。如上所述，如今留存下来的庭园与它最初的面貌多少有些变化，但以镜湖池为中心的设计却几乎没有变动。尤其是位于后山以南天竹床柱而闻名的夕佳亭，是近年重建的。另外，本堂的中庭是出自相阿弥之手。

如此想来，足利义满室町花亭[4]的庭园恐怕也是差不多的情况，抑或是在寝殿式庭园中修建了诸如金阁寺的楼阁建筑。但是，无论哪种都可以看作沿袭了前代的样式。

---

1. 建筑学术语，一般指建筑物的外墙——尤其是正面，但亦可指侧面或背面。
2. 唐人が家に必ず楼閣あり、高楼はさることにてうちまかせては軒短を楼となづけ、簷長を閣となづく、楼は月をみむがため、閣は涼しからしめむがためなり、簷長屋は夏涼しく冬暖かなる故なり。
3. 室町初期的武将，任周防及其周边六国的守护。后与幕府对立，发动应永之乱，在和泉堺战死。
4. 就是前文所提到的"花之御所"。

鹿苑寺庭园金阁及镜湖池

鹿苑寺夕佳亭

2. 天龙寺庭园　京都府葛野郡嵯峨村

　　天龙寺位于京都近郊的嵯峨村，足利尊氏为给后醍醐天皇祈祷冥福、超度亡灵，请开山鼻祖梦窗国师亲自设计修建了寺院，庭园也是在康永四年（1345）由梦窗国师修建的。梦窗法师一心寄情山水，徜徉天地之间，所作依山傍水，实乃止观十境[1]之景趣，也就是所谓大士应化的普明阁、和光同尘的灵庇庙、沉浸在漫天秋色里的曹源池、雕刻着鲤鱼跃龙门化龙的三级岩、雕栏玉饰的龙门亭、三壶环绕的龟顶塔、云雾缭绕的曹松洞、美景不言而喻的拈华岭、无声胜有声的绝唱溪、直上银河的渡月桥，奇岩怪石众多，再配以郁郁葱葱的树木——这些在《太平记》中有详细记载。龟尾山、岚山、大堰川、户难濑泷等都纳入庭中的远景，庭园本身则是依照室町时代初期的造园手法，在池中和池边等处立石，架设石桥，整个庭园的布局和局部的构造都展现了室町时代的特色。前面所说的十景大多都留存了下来，只不过因树木的生长以及渡月桥移到下游的缘故，景观多少失去了其原有的样子。另外，泷口以及细节处的石组，有相当多地方都已毁坏。但是，本园的布局大体上

天龙寺庭园

---

1. 依十乘观法所观之境。又云止观十境、十种观境。

天龙寺庭园曹源池

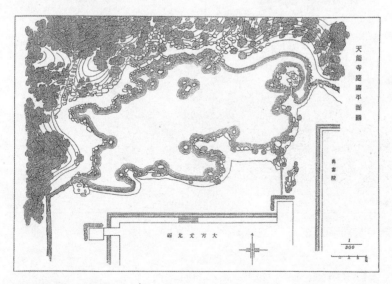

天龙寺庭园平面图

还是可以看出当初的影子，即便是细节上，石桥附近的景致也几乎保留了当初建造时的面貌。总而言之，天龙寺庭园绕池一周修建园路，完全是以观赏为主，可以说是当时典型的林泉式庭园。

3. 西芳寺庭园　京都府葛野郡松尾村

　　京都西山洪隐山西芳寺是位于松尾村的一座古刹，最初是圣德太子的别墅，之后在天平[1]年间，行基菩萨[2]奉圣武天皇的诏令在畿内建四十九院之时，首先在此地修建了寺院，以阿弥陀三尊为主

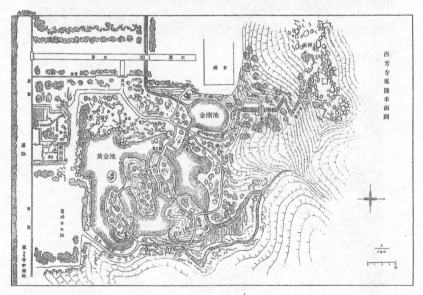

西芳寺庭园平面图

---

1. 日本圣武天皇时代的年号（729.8.5—749.4.14）。
2. 日本奈良时代的高僧。

佛，寺号称西方寺。又经过七十余年后，大同¹年间弘法大师在此举行十七日放生会普济众生，自此以来声名鹊起。

但西芳寺历史并不十分悠久，因传说是中兴的开山鼻祖梦窗国师所作，与前文所记载的临济宗大本山的天龙寺都出自同一人设计，所以也被归属为室町时代的建筑。据寺传记载，梦窗国师将池塘设计成"心"字形，迁九山八海²于此。传说建造之时，四条染殿的地藏菩萨还曾对工匠施以援手。

如今再来看该庭的布局，被称作黄金池的水池是中心，池中主要的岛有三座，可以通过园路环游。该园因为屡遭洪水而损毁严重，现在池边的石组也没有看头了，但是池塘的形状还大体保持了旧貌。义堂禅师³的七绝诗中有一句"湘南潭北水无涯"，从这句诗可以推测，或许以前的湘南潭北两亭（现如今只剩湘南亭，无潭北亭）之间是一片广阔的池塘。

如上所述，本园明显已不复修建当初之貌，不过西芳寺背后的洪隐山上还残存着室町时代的石组，如今被人们称作梦窗法师座禅石。此外，据《都林泉名胜图会》⁴记载，伏见的朝雾志摩之助曾在桃山时代对该园又进行了补建，不过应该只是翻修了细节处的石组和桥梁等处，黄金池整体的形状还是原封不动地保留了下来。

此外，西芳寺庭园内苔藓类植物丰富，这座大型庭园仿佛披上了一件美丽的苔衣，因此世人又称西芳寺为苔寺。私以为也应把这一点介绍给大家。

---

1. 平城、嵯峨天皇时代的年号（806.5.18—810.9.19）。
2. 九山八海是古印度的世界形成说。即以须弥山为中心，周围有游乾伦罗等八大山环绕，而山与山间各有海水相隔，故总为九山八海。
3. 义堂周信（1325—1388），号空华道人。日本临济宗僧。梦窗疏石的门徒。
4. 江户时代末期的宽政十一年（1799）出版的一本描绘京都名园的图集。

西芳寺庭园黄金池

西芳寺庭园座禅石

西芳寺湘南亭

西芳寺湘南亭附近

4. 惠林寺庭园　山梨县东山梨郡松里村

　　山梨县的惠林寺与盐山驿相距不远。该寺庭园同样是由开山鼻祖梦窗法师所作，是当地有名的庭园。从它如今的样子来看，和室町时代修建庭园秘传等书籍里记述的内容十分吻合——庭园朝南，以心字池为中心，修建假山，泷口的石组，池中岛的配置，等等，布局充分展现了室町时代的特色。就是建筑外廊附近面朝池塘摆放拜石，正面则大约在池中央的位置修建池中岛，在稍稍靠左远处设置正式的泷口，并在此处种植松树，这便是非常典型的做法。除瀑布之外，水流还从位于方丈东渡廊南面的喷泉流出，引流至北角，然后注入池塘，池中水再从西边一隅排出庭外。另外，池塘北侧有一座东西走向的丘陵，成为庭园的背景，一部分丘陵铺有飞石，池中岛以外还有两处架设了桥，池塘的东北岸和西南岸还装饰了石灯笼。这些石灯笼毋庸置疑是近代添加上去的，并不是当初建造时的物品。整座庭院风景如画，水的流向也遵循了造园规定，这些方面均有着室町时代的特色。只是寺院也因遭受战火之故，免不了多少有变化，但在布局上还是保留了它原有的面貌，应该可以说是日本庭园史上一项贵重的研究素材。

　　此外，该寺住持房前的庭园规模虽小，却挖有一个南北向的细长的小池。东北角的泷口处耸立着形状优美的巨石，此处再配以绿植，营造出一种幽邃之趣，还大大地节省了材料，显得超凡脱俗。还有一点很有趣的是，泷口巨石的摆放方式也和大仙院庭园以及大德寺方丈庭园十分相似。想来，这可以说是草体山水（参P23）的范例，把它看作后世禅院平庭形成过程中的一个阶段也是很有意思的。这座庭园和前面所讲的林泉式庭园，是完全不同的样式，但还是被人们认为是梦窗法师的作品，并且展现出同一个时代

惠林寺庭园

的特色。因此本人认为，参观惠林寺的话，必须要去看看这座
小庭园。

5. 东光寺庭园　山梨县西山梨郡里垣村

　　位于山梨县甲府市外的东光寺庭园现今虽已荒芜，也被认为
是梦窗法师的作品。

　　从如今庭园的情形来看，庭园朝向西南，也只有池塘还稍稍
看得出来原来的样子，泷口处本应摆放泷副石的地方碎石散落，石
组都已损坏，极其荒芜。但是，在现场仔细勘查的话，站在拜石
上眺望正东北方向，便能在高山上看到泷口的踪迹。想来，水流
以前应该是从此泷口流向西南方，途中稍往西迂回，最后再在入
池口形成一个低矮的瀑布。并且，在池中东南部立有石头，顶部

略显扁平，表现的是沙洲[1]，同样的，中央有一艘石船浮出水面。两者之间有石立于水中，上面有球形的石灯笼。这部分的修建手法和相阿弥之后的手法稍显类似，或许石灯笼和石船这些元素是后世添加上去的。尤其是位于池塘东南畔的石灯笼，很明显是近代新添加的。除此之外，这座庭园在水的流向设计上也沿袭了室町时代造庭的规则，从庭园的西部排出庭外。如此想来，该园在日本庭园史上也是一大珍贵的遗迹，但现在已经十分荒芜，如果此时不进行严谨考察并妥善修复的话，这座珍贵的名园恐怕也将名存实亡。

6. 龙安寺庭园　京都府葛野郡花园村

龙安寺原为后德大寺左大臣实能的别院，据说划为公有时回到了细川胜元的手里，细川胜元在此修建了别墅。而如今残存的庭园是当年所建造，据说是相阿弥的作品，这座被称为"虎负子渡河[2]庭"的园子自古以来就被认为是名园中的名园。观其现状，就是一个所谓的石组庭——一块仅五六十坪大小的土地被土墙围起来，当中铺满砂石，十五块奇岩怪石每组分成五块、三块，或两块，一组组地被安置在五处。庭中石组分布十分巧妙，各自在无言之中展现出一

---

1. 有泥沙淤积形成陆地并露出水面的地方。
2. 虎负子渡河源自中国元朝周密《癸辛杂识》中的一篇虎引彪渡水。"虎生三子，必有一彪"。说的是母虎生三子，其中必然有一只非常凶猛，会吃其他小老虎，母虎在过河时又只能带一只小虎。因此，母虎第一次会先带恶虎过河；第二次再带一只小虎过河，回去接第三只的时候把恶虎带回，以防他吃了第二只；第三次过河时将恶虎留下，带第三只小虎过河；第四次再回来接恶虎。经过三个半来回，母虎终于带三只小虎过河，以此来显示参禅道路的曲折。

种不可名状的力量，在这种主观意象下，它们各自之间拥有一种微妙的美丽的关联，即使只变动其中一个，也会失去整个庭园的美感。再加上泥墙外赤松的树干间隐约可见的风景，实在是展现了作者非凡的本领。虽然之后桃山时代至江户时代建成的众多禅院等庭园都以本园为范本，但如此纯粹的风格是在其他地方看不到的。

庭园的现状如上所记载，那现存的庭园到底是不是和最初相阿弥所建造的庭园一样，这一点似乎有很大的争议，在此我想说一些自己的意见。

如今的方丈[1]位于一块极其狭小的地方，泥墙外繁茂的古树多少遮挡了方丈南面的景致。回想胜元修建别墅之时，虎负子渡河庭应该是完全作为借景式庭园来设计的。如今寺院塔头大珠院前的镜容池自不必说，方丈曾为细川胜元的书院，从这里应该可以眺望山城[2]东西南部的远景，如今也能从墙外树干之间看到。由此可见，细川胜元为了每天早上遥拜男山八幡宫，而故意不在庭中栽树的传说是真的。不过，《都林泉名胜图会》和《云山志》里就有当山八景的记载，墙外树木生长遮挡了南边的风景，这一点似乎在江户时代就和如今的状态类似。但相阿弥似乎不满足于只能从书院眺望男山八幡宫，便设法从近处可以俯瞰镜池湖，再往南可以看到双冈[3]以及更远的山城南部的景色，东南面则能远眺东山。在设计这座书院的庭园之时煞费苦心。结果就是在前庭一棵树都不种，修建体现禅味的石组平庭，使书院建筑的人工与周围的自然相融合。这种半人工半天然的庭园，与相阿弥用修剪过的植物做出庭木出自同一种手法。而且两者的结合却毫无矫揉造作之感，确实凝聚了设计者的

---

1. 寺院中住持的居室。上述的"虎负子渡河庭"就是龙安寺方丈庭的别称。
2. 日本旧国名之一，五畿内之一，相当于现在的京都府的东南部。
3. 京都市右京区、仁和寺南侧的丘陵。

龙安寺庭园

匠心，作为禅宗流行禅意风靡的时代作品意味深远。我相信此庭园
是平庭式庭园中最古老最杰出的作品。只不过因为如今泥墙外的树
木太过繁茂，导致本庭园其原有的价值有所下降，因此受到大多数
庭园学者的非议。我认为，如除去柏树、樱花树、枫树这些，只留
下赤松林，甚至索性只要其树干，就能增加远眺的效果了。而这座
庭园东侧的墙外曾经是一片美丽的森林，这是毫无疑问的。想来在
室町时代之时，这座园子就已经作为郊外名园而备受推崇了吧。

7. 大仙院庭园　京都府爱宕郡大宫村

　　大仙院是京都紫野大德寺的塔头之一，这座庭园也被称为相
阿弥的作品。同样是以岩石为本位的庭园，却和前面的龙安寺是完
全不同的类型，是研究相阿弥超凡造园本领的绝佳资料。
　　方丈的东侧及北侧由曲尺状的泥墙围起来，庭园就建在这块
狭小的土地之上。园子东侧长二间一尺，宽二间一尺，北侧长五间

一尺，宽二间三尺。从占地面积来讲实在是很小，但是庭园的布置却十分巧妙。在庭园的东北角（拐角处）立有奇石表现泷口，溪水从此处左右分流，泷口后面种植山茶遮挡光线。此外，在东侧的溪

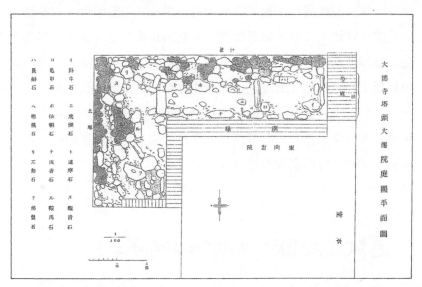

大德寺塔头大仙院平面图

大仙院庭园

流处不仅架设石桥、修建石船，还在象征溪流的砂石中利用片岩[1]的纹路表现水流。这些手法都细致描绘了自然之美，是具有代表性的枯山水庭园。与此同时，它仿佛是一幅中国宋元明时期的水墨画，一块岩石就展现了巍峨的高山或是激流之下的绝壁，如此精巧完美的设计绝无仅有。如果说龙安寺庭园让我们思考人生，那么大仙院庭园就是把自然之美直接呈现于我们眼前。两座庭园不同的意境展现了相阿弥非凡的技艺，他确实称得上是室町时代的天才造园家。另外，这座庭园现在的样子与享保年间绘制的平面图没有任何区别，而且全园都只由石材修建。这样看来，这座庭园恐怕是把相阿弥当初修建时的面貌保留至今了吧。

8. 慈照寺庭园　京都府爱宕郡净土寺村

　　慈照寺是足利第八代将军足利义政效仿第三代将军足利义满的北山别墅所修建的，这点就不用再解释了；但世人认为银阁寺是模仿金阁寺的"山寨货"，这却是个天大的误会。我认为，足利义政时期的生活模式不再沿袭足利义满时代，并在内容上较后者有了长足的进步，同时住宅庭园也发生了显著的变化。

　　银阁寺所在的地方原来是禅寺惠云院，文正元年（1466）足利义政决定在此修建山庄，但因为应仁元年发生了细川山名之争——应仁之乱，直至文明[2]九年（1477）十一月，京都地区持续了大概

---

1. 具有典型的片状构造的变质岩的一种，是区域变质的产物。其特征是片理构造，由片状、板状、纤维状矿物相互平行排列，颗粒较粗，肉眼可辨别。
2. 后土御门天皇时代的年号（1469.4.28—1487.7.20）。应仁之后，长享之前。

慈照寺银阁

十一年的战乱，这样一来即便是将军也无暇顾及别墅的修建了。但战乱平息后，文明十四年（1482）足利义政就在此地修建了东求堂、银阁寺等建筑，第二年六月让位给弟弟义视之后便在此隐居。之后义政便剃发出家，以风月为友十余载，在此期间银阁寺的营建也不曾懈怠。据传闻，足利义政是模仿嵯峨西芳寺的西来堂修建的东求堂，但从其庭园来看，相比之下设计更加巧妙，同时也能从中窥得相阿弥卓越的造园天赋，确实为我们展示了一个划时代的作品。从庭园大体布局上看，锦镜池横卧于月待山西麓，不管是从北侧的东求堂，还是从西侧的银阁寺看过去，都不分表里，即"四方正面庭"，将两个池子衔接在一起，在衔接点处架设龙背桥形成一个整体。这就是为何东求堂前面的池塘和银阁寺前面的池塘相连的缘故，按理说是泷口共通的两个不同的池塘，但登上银阁寺望去的话却毫无此感。这一点当然也要归功于相阿弥非凡的造庭技巧。

此外，当时的庭园比起从前的纯观赏性庭园有了进步，从楼阁上可以向各个方向眺望，稍微复杂了一些。在造园者的设计下，池上有桥可以过去，池边修有园路可以环游，园中随处可见各种山石树木，不管是哪一部分都美得令人心旷神怡，楼阁上俯瞰之下庭

慈照寺庭园

园整体和谐统一。同时，设计又立足于禅茶和水墨画趣味的思想，气韵高雅，和前代相比确实有了很大的进步。此外，银沙滩、向月台奇特的沙堆设计也展现出了相阿弥的傲人技艺。如此天才，前所未有。这座庭园设计之时，应该是预期一天二十四小时都能观赏，尤其是从它建于月待山麓这点来考虑，可以想象得出应该是以月夜的观景为重点的。即在万籁俱寂、月明星稀的夜晚，松声入耳，看着如梦幻般流淌的沙堆，仿佛身在星宿银河，又让人感觉身在海边。天破晓时，纯白银砂的光辉笼罩着整个庭园，和群山上苍老茂盛的绿松相映成趣，又呈现出一种色彩之美。如此想来，银沙滩和向月台的绝妙设计均意义深远。

此外，本庭园还完好地保留了当时的石组法，特别是桥引石，是严格根据规则放置的。不得不说，该园确实是珍贵的庭园研究资料。

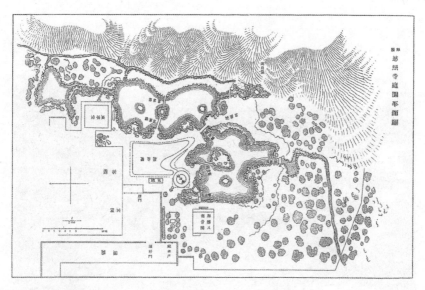

慈照寺庭园平面图

9. 等持院庭园　京都府葛野郡衣笠村

等持院由足利尊氏所建，开山祖师是梦窗国师。传闻这座庭园也是梦窗国师的作品，但是寺庙则经过了相阿弥的改建。或许当初是由梦窗国师设计而成，因后来荒废之故，所以相阿弥在足利义政时期进行了修缮。根据现状来看，庭园以池塘为中心，石桥等设计也别具匠心，但也许是因为没有得到良好的保护，庭园已经荒芜不堪，令人扼腕。特别是园内著名的茶室，必须尽快修缮；庭园的树木似乎也未得到充分修整，池前的山茶长势过盛，结果破坏了整座庭园的景致……难得这座庭园所处位置绝佳，却疏于管理任其荒芜，确是一大憾事。若能妥善处理的话，视其为室町时代的代表性庭园也无可非议。况且还有很多珍贵的东西残存了下来，比如细节处的石组，应尽早谨慎修缮为好。

等持院庭园

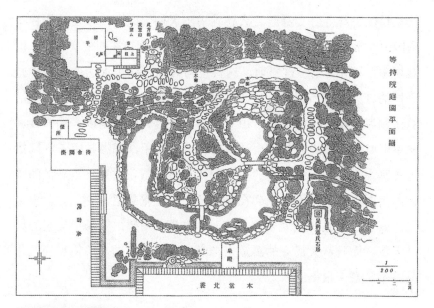

等持院庭园平面图

10. 大德寺方丈庭园　京都府爱宕郡大宫村

　　大德寺的方丈庭园坐南朝北，从东面一隅绕建筑而建，有一部分向北延伸，是两个不同的庭园。南庭据说是天佑和尚所作，东庭则传闻是小堀远州的作品。故此，也难怪这座方丈庭园自古以来就被认为是由天佑和尚所作、由小堀远州补建的作品。但我在此只介绍被公认为是天佑和尚作品的南庭，东庭则在江户时代的章节中讲述。

　　从如今的面貌来看，本庭园是室町时代的禅院中最典型的平庭样式，庭园虽然多少有被小堀远州重修的痕迹，但还不足以使整个庭园焕然一新，因此我们还是可以当作天佑和尚的作品来看。南庭东南角立有两块巨大的石头模拟泷口，这种手法在山梨县东山梨郡松里村的惠林寺方丈庭园、大德寺塔头大仙院庭园，以及其他禅院庭园中经常看到，属于同一种手法。并且，从泷口往西依次布石，植栽树木，下草[1]也经过修剪，这些也与大仙院枯山水的造园精神是一样的。只不过该园并没有在狭窄的空间里完全使用石材，而是沿着南侧泥墙从东往西设置了山石树木，并且在庭上铺以一片白砂。从室町时代到桃山时代直至江户时代，这种手法都经常用于禅院的方丈庭。不过，唐门西隅的石组和树木（山茶花树）只是后世的画蛇添足而已。或许作者也会在黄泉之下苦笑叹息吧。

其实，天佑和尚就是小栗宗丹[2]的儿子宗栗，继承了父亲的绘画天赋。而且从大德寺的寓意来考虑，说方丈庭园是天佑和尚的作品并不是毫无根据的。

大德寺方丈庭园（大方丈南庭及东庭）

---

1. 庭园中地面种植的低矮植物。地被植物。

2. 也叫小栗宗湛（1413—1481），是室町中期的画僧，足利将军的御用画师，画风稳健。其子宗继、宗栗也各成一派。

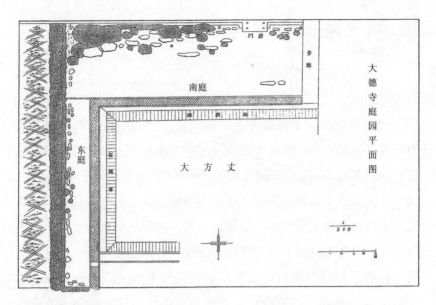

大德寺庭园平面图

11. 酬恩庵虎丘庭园　京都府缀喜郡田边町

　　酬恩庵是一休禅师的庵室，当时禅师居所保留下来的以虎丘最多。这座庭园是个极其简单的平庭，只是沿着泥墙摆放着数块不大的岩石，再配以一些低矮的修剪过的植物罢了。据寺传来看，该园是村田珠光的作品。与相传是相阿弥作品的庭园相比确有所不同，虎丘庵的庭园完全立足于禅趣味而且尚未经精雕细琢，还保有天真烂漫的姿态，从这点以及庭园样式来考虑，可以推测出此园应是在相阿弥之前的作品。

12. 酬恩庵一休禅师庙前庭　京都府缀喜郡田边町

　　一休禅师庙位于酬恩庵方丈庭南面，坐北朝南；其前庭在庙的南边，坐南朝北。现在来看这个庭院，狭小的土地上零零星星地分布着众多岩石，以至于稍显繁杂，每处都配有修剪过的小型植物。这一手法和前文的虎丘庭园的手法完全相同，这也与寺传中所记载的，其由村田珠光所作这一点完全一致。该园未必有多出色，但不管是从它的建造材料和使用方法，还是从整园的布局手法来看，与相阿弥的作品以及桃山时代江户时代遗留下来的众多庭园都有很大的不同。所以，该园的作者到底是不是村田珠光先另当别论，它应该是室町时代修建，但后来部分又进行了重建，然后才是我

酬思庵

们今天看到的样子。只不过，现在的庭园南侧的泥墙被打通，新开了一扇门。只把注意力放在寺庙上而忽视庭园的结果就是，参观者只能从庭园背面窥得其貌，这着实令人惋惜。更何况室町时代的庭园中，像本园这样为了从固定的位置观赏而建造的庭园，如今却只能从它的背面或者侧面来观赏，丧失了它原本的价值，实在是一大憾事。

13. 万福寺庭园　　岛根县美浓郡益田町

清泷山净光院万福寺庭园传闻是画僧雪舟的作品，据说是他晚年离开山口后来到此地所建。雪舟在日本绘画史上占有极其重要的地位，其作品以宋元明风格的山水画居多，于简笔泼墨之间完美地捕捉到自然之美。雪舟一直致力于回归真实、避免虚假。他在明

万福寺庭园

朝之时绘制了三保松原之景，并在画中添加了一座浮屠塔。但他归国后却发现当地并没有这样一座塔，担心之前所作的画变为虚谈，便筹资修建了一座塔，由此可见前面所言非虚。

　　这座庭园虽然被世人看作雪舟的作品，但和他的画作相比逊色不少，或许当初确实出自雪舟之手，但后世又有人进行了数次修改吧。

　　从庭园如今的样子来看，庭园中有一座用相当大块的岩石建造的假山，并在此处配有一片池塘，规模不是很大。岩石树木的处理方式也不知是不是大幅地改动过了，手法略显稚嫩。但其石组法从局部来看，室町时代的特色还是能窥得一二。

万福寺庭园假山

14. 常荣寺庭园　山口县吉敷郡宫野村

常荣寺是临济宗寺院，号香山，由大内氏第二十代家主大内盛见创建，是毛利家的菩提寺。位于本寺正殿背后的庭园，相传是大内政弘在全盛时期，仿效京都金阁寺在此修建的别院，命画僧雪舟设计。庭园周围有三十六座山峦，都引用为庭园的背景，并且因其地形与中国的嵩山相似，所以有最嵩峰、三呼岭、云溪、五渡溪等称呼。

从庭园如今的样子来看，面积并不大，比起金阁寺不如说更像天龙寺庭园。而庭园的布局完全和天龙寺庭园主张一致，在石组法上也大量使用景石[1]，该手法略显繁杂，却是不容忽视的一大特色，实在不愧为画僧雪舟之作。

常荣寺庭园

---

1. 日式庭院中为增添雅趣所各处散放的石头。

二

桃山时代（1573—1603）

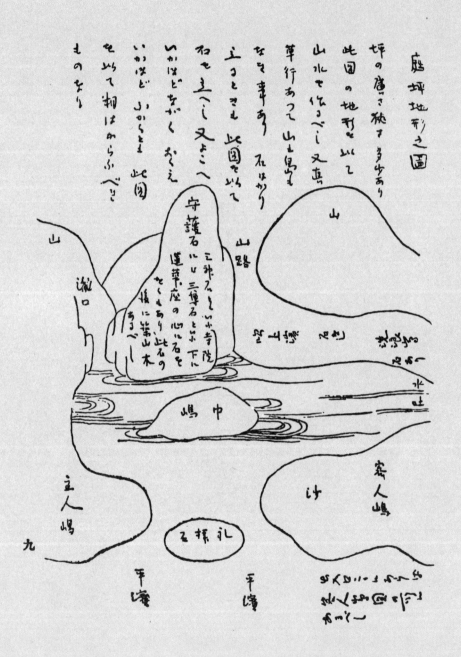

庭坪地形之圖

坪の廣さ狹さ多少あり
此圖の地形を以て
山水を作るべし又真
草行あつて山と島と
なる事あり石はかり
立るときも此圖を以て
石を立べし又よこへ
いかほどちがく　おくえ
いかほど　ふかきとき此圖
を以て糊はからふべき
ものなり

山

山路

守護石

三神石をいふ寺院
蓮葉座の心に石を
をくもあり此石の
後に柴山木
あるべし

山

瀧口

嶋中

主人嶋

九

客人嶋

汀

石據ゑ

水止

平濱

平濱

1. 智积院庭园　京都市下京区瓦町

　　京都东山的智积院庭园，据寺传记载是出自千利休之手，以此推断，这座庭园可能是现在的智积院建成之前的作品，是东山周边的桃山庭园中最杰出的作品之一。

　　观其现状，寺院依东山而建，庭园就位于其东侧，即东山倾斜面和建筑之间，向南北延伸，模仿的是中国的庐山。也就是说，水池象征的是长江，池边立有岩石，还栽有修剪过的树木。因为不似江户庭园一样手法细腻，水池虽形状复杂，但也别有一番雅致。如今的庭园，由于后来的设计者无视修建时的初心，在庭园中未经考虑地增加了建筑，大大地损害了全园的价值。但是，被称为利休之作的庭园当中，该园也称得上是精品。更应该注意的是，本庭园和竹林院、聚光院（见下节）的庭园都是属于纯粹的观赏型庭园，跟

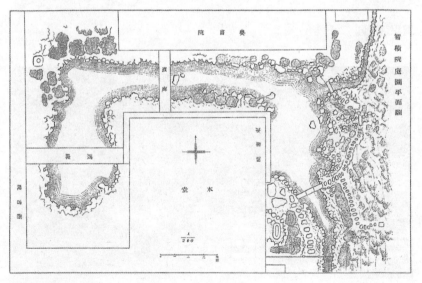

智积院庭园平面图

东山时代盛行的平面图禅院式庭园是同一系统，和之后桃山时代末期到江户时代初期才逐渐形成的远州派回游式庭园是完全不同的。总之，本庭园可以说是巧妙利用地形建园的例子。

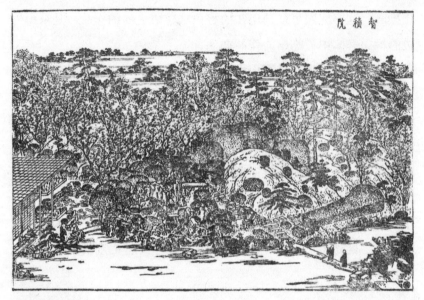

智积院庭园

智积院庭园（从本堂东侧东望）

2. 聚光院庭园　京都府爱宕郡大宫村

聚光院是大德寺塔头之一，这座寺院的方丈庭和智积院一样，据传都是千利休的作品，被称作百石庭或者积石庭。面积不大，却模仿了潇湘八景，在南边和西边建有矮丘，中间架有轻便的石桥，不挖池而用平地象征池水，跟本法寺庭园、同为大德寺塔头之一的孤蓬院庭园（号称是远州之作）出自同一手法，再配上不太大的庭木，在狭小的土地上表现出广阔的景致。但是，现在被视为珍宝的娑罗双树在最初的规划中应该是没有的。因此，此树刚好跟大德寺方丈庭西南角的石组和庭木一样，降低了庭园本来的价值。然而，该园和前面的智积院庭园都称得上是利休之作中的珍品。

该寺院除百石庭外，还有一个被称为表里两千家[1]之庭的茶庭，石制或陶制的灯笼、手水钵等物件颇具匠心，被茶人视为典范，很受欢迎。不管从聚光院是利休最后的点茶场，还是从跟千少庵[2]的关系来看，该园都与茶道有着千丝万缕的联系。

聚光院庭园

---

1. 表千家、里千家均为茶道流派。
2. 利休的次子，宗旦的父亲。

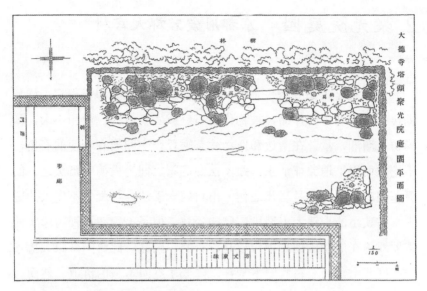

（大德寺塔头）聚光院庭园平面图

3.竹林院庭园　奈良县吉野郡吉野村

　　吉野山的竹林院射术历史悠久，被称作竹林流派。这座寺院的庭园传说是千利休的作品，但是，和其他许多寺院一样无从考证。不仅如此，本寺因为与细川幽斋[1]、细川三斋[2]父子有关系，除弓道之外也涉及茶道及歌道，但没有事实表明与利休相关。如此想来，该园与其说是利休的作品，倒不如说是他们父子的作品可能更可靠一些。虽然它的作者没有定论，但是出自利休之手的说法似乎自古以来就有。

1.细川藤孝，安土桃山时代的武将、歌人，号幽斋。
2.细川忠兴，安土桃山、江户初期的武将，细川幽斋之子，号三斋。

从庭园的现状来看，南边有丘陵，其山麓挖有池塘，园中随处可见屹立的岩石，再配以精心修剪的绿植。山腰处还种植了山茶花、马醉木、吊钟花、映山红等植物，花间修有山路，山上的平地则作为观景园。

竹林院庭园

如上所述，竹林院庭园大体上是从山腹到山脚依山而建，这种做法与京都东山的智积院庭园十分相似。但是，仔细观其现状会发现，它的建造年代虽然酷似现在的智积院庭园，但现在的池塘有多处修改的痕迹，而且山腰处的种植法也毫无章法，这座昔日名园也因此逐步遭到破坏。但是，寺院正殿背面有一部分石组法属于室町时代的手法，所以，我们可以推测该园的初建应该是在桃山时代之前。忆往昔，池塘横卧东西，清水雅致，汇成细流注入池中，山腰的庭木也经过适当修剪，清新洒脱。而且，该园在桃山时代并不像现在这样分成了三部分。当初修建的书院位于池塘北侧的平地，向东西延伸，外廊则面向池塘，这种设计恰好跟智积院庭园一样，背景与池塘之间的关系甚是微妙。而且，作为庭园背景的山上郁郁葱葱，山顶的平地当时还未开发，想来这里曾经是一片美丽的森林。

4. 妙喜庵庭园　京都府乙训郡大山崎村

妙喜庵正殿据说是室町时代的建筑，茶室号称千利休的作品，建于桃山时代，采用的是"方二间单层切妻造[1]柿葺[2]"，雅致脱俗。这个茶室的附属庭园由千利休设计，很好地表达了他的造园理念。整体规划极其简单，从园门至茶室的路上铺设的飞石并未使用多余的技巧，茶室的东边和南边是篱笆，庭木也只是采用了松树、木斛、

妙喜庵庭园

妙喜庵蹲口前飞石

1. 悬坡双坡顶式。一种屋顶状如半打开的书伏在桌上的建筑形式，也指有这种屋顶的建筑物。
2. 主屋、天守阁等大殿的屋顶形式，木瓦板铺设而成。

枫树、珊瑚树等品种。只是有一点需要注意，利休在房檐附近种了一棵巨大的松树，用的是他喜欢的"前低后高"的手法，这点与堺市的实相院庭园高度一致。

该庭园是一座极为普通的茶庭，但是整园没有一丝多余的东西，周围布置的飞石、蹲踞、石灯笼等元素都完美地与茶室联系在一起。《都林泉名胜图会》里也有图片记录，和现在的样子相比并未有太大变化，可以说是研究利休茶庭的极佳参考资料之一。

妙喜庵　待庵露地、手水钵（蹲踞）

5. 实相院庭园　大阪府堺市南旅笼町南宗寺内

实相院本来位于堺市的盐穴寺，于明治年间迁到了现在的南宗寺。它的茶室是桃山时代的建筑，据说是千利休的作品。观其现状，和山崎的妙喜庵不同，建筑的平面及立体都极其复杂，入口、露地的许多设计都令人称奇。庭园里，从腰挂开始铺设高度渐低的飞石，最低处设有袈裟挂样式的手水钵，周围用天然的石块围一大圈，与普通的蹲踞相比别有一番意趣。这种手法之后被茶人争相效仿，直至今日也流行于关西地区。由此处再往北上去就是茶室，这段路的飞石采用较大的材料，赋予了这片狭小的土地以深

实相院庭园

山幽谷之感。这些手法给我们展示了利休的部分茶庭造园理念。另外，有名的六地藏灯笼位于手水钵的西边地势略高的地方。园子由橡树篱围起来，手水钵、茶室以及灯笼之间适当栽种绿植，把三者分开，再根据前面所提到的"前低后高"思想，在建筑的西侧

实相院石灯笼

实相院茶室

种有一棵大松树。与山崎的妙喜庵一样，该园也是研究利休造庭的珍贵资料。

6. 南宗寺庭园　大阪府堺市南旅笼町

　　南宗寺属临济宗大德寺派，众多茶道先辈的墓碑立于此处，因此闻名。其方丈的前庭据说是古田织部正的作品。

　　观其现状，仅有南面一角的石桥以及它附近的石组还残存着，可以说庭园只有一部分保留至今。但是，园中由两块长七尺的大石搭建的石桥还兼作桥引石，呈现了一种雄伟的观感，极具时代特色，

南宗寺庭园

因此不能否认它就是织部的作品。或许是江户时代优美纤细的手法在桃山时代并不受欢迎，而在造园上体现出豪放之感。另外，庭木方面并无特别之处，用的是山茶、橡树，下草也只是用了八角金盘、珊瑚树等植物，但是石桥作为桃山时代茶人的作品非常珍贵。而且，这座庭园还能看到当时相阿弥流派的石组法，也是颇有意思的。

7. 本愿寺庭园　东京市下京区堀川通本愿寺前町

京都本派本愿寺[1]大书院据说是迁自伏见城，据寺传所言，庭园也是同时迁过来的。本园被称作虎溪庭，出自当代造园界的权威——伏见的造园师朝雾志摩之助之手。

如今的庭园，沿建筑挖有空地，池中有岛，两岸有石桥连通，中心是泷口，还兼做守护石。故此，本庭的布局恰好与室町时代后期的典型庭园相吻合，但是石桥的巨石经过加工褶皱优美，这点前代并不多见。庭木方面使用的是铁树，更显刚健之风。该园不仅是典型的桃山时代书院式林泉庭园，更是其中的代表性杰作。且本庭园最初是与城郭的大型建筑物相对而建，作者担心庭园会被园中建筑所压制，所以尽可能地赋予其雄伟的印象，选择巨大的建筑材料，并且大量利用天然岩石的褶皱和色彩，以此与当时立体装饰繁多的大型建筑对峙，着实煞费苦心。想来二条城二之丸庭园应该也是从本园得到了不少启发吧。

---

1. 西本愿寺的别称。

本愿寺虎溪庭

二条城二之丸庭园

8. 圆德院庭园　京都市下京区下河原町

　　高台寺门前圆德院的庭园据说是小崛远州的作品，是附属于高台院化妆间的。且同建筑物已经移动到了高台寺，后面的归还只是乌龙。如果相信最初建筑物是从伏见城移建而来的话，可以得出本庭园是与远州以前设计的建筑物一起移到了这里。但是如果是伏见城的庭园的话，它应该存有朝雾志摩之助的风格，但它与本愿寺虎溪、滴翠园等风格完全不一样。寺传称是远州作品，但材料巨大、手法刚健这两点与远州的风格又有所不同。大概本庭园既不是朝雾的作品，也不是远州的作品，而完全是别人的作品，但确实应该是桃山时代。

　　如今看了本庭园，整体规划属于非常典型的所谓琵琶池到心

西本愿寺滴翠园飞云阁

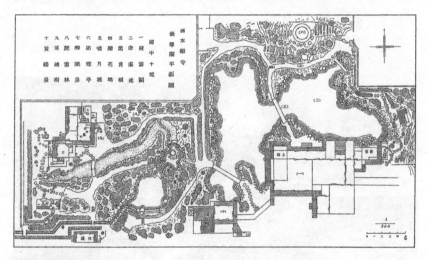

西本愿寺滴翠园平面图

字池的类型，有一大一小两个中岛，中间架起了石桥，池上造了南北纵贯的苑路。水池的东北角造了泷口，从东北方的菊溪远远引水至此。北、东两侧加工了一片自然倾斜的土地，在此种植了树木，西南两侧的建筑物一目了然。现在本庭园为了改修东北方的路，切断了自菊溪引来的水路，和二条城二之丸的庭园一样，只剩下了空的水池，石组还能看出点当时的风貌。泷口尽管受到了很大的破坏，想象出当初的样子却也并不难。

9. 三宝院庭园　京都府宇治郡醍醐村

醍醐村三宝院的庭园自古就作为名园而天下闻名，它极致豪华，乃至据说飞鸟看到也会落下来。庭园是丰臣秀吉不惜经费和劳力，亲自指挥建造的，说是聚集了天下的名石也不为过。我相信本庭园是丰臣秀吉喜欢的豪放雄伟的林泉之典型，而他的聚乐第庭园的样子大概也能从此推测出来。

要说起本庭园到底是什么样的，看了现在的状态，在整体的

三宝院庭园一

三宝院庭园二

三宝院庭园（从寝殿向东南望）

三宝院庭园（从寝殿向西南望）

地割和局部的技巧方面，与王朝时代的寝殿式庭园相差不远，没有看到什么值得特别提起的东西。可以说是完全凭借天下之力建造的豪华庭园。总之丰臣秀吉任由这个势头发展，集齐了很多名石，与其说是用在本庭园的岩石数量过多，不如说是不知道应该怎么摆放过于多的岩石，最终只是多了无意义地罗列景石的地方。从为了造

后园茶室及前庭

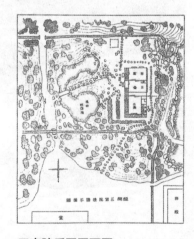

三宝院后园平面图

园的角度来看，也可以说是画蛇添足的部分。

上述的庭园露骨地表现了战乱平息后桃山时代尚未成熟的豪放情趣，对于时代倾向可窥一斑，同时，聚乐第的大型庭园毕竟坚持古有的寝殿式庭园的地割（规划）方式，我推测多少添加了一些实用性要素，可以说作为一种参考资料是很宝贵的。

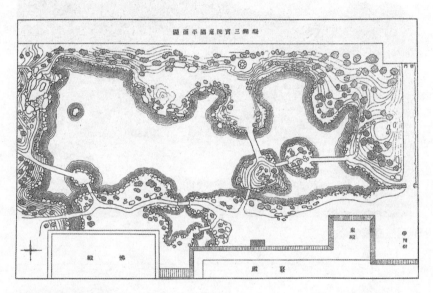

三宝院庭园平面图

10. 成就院庭园　京都市下京区松原通清水坂

京都清水成就院的庭园据说是相阿弥的作品，但现在的样子没有一点他的风格。民间也有把它作为松永贞德或者小堀远州修补的作品的说法，或者是从桃山时代开始一直到江户时代初期，连续进行了大改造的建筑，除了振袖式手水钵、乌帽子岩[1]，等等，还

1.三谷八幡神社工程时，从地基的中心部分挖出像乌帽子似的岩石。

有加藤清正从朝鲜带来的五块飞石。此外，丰臣秀吉从前到此地游玩的时候，有设置浴室的迹象，还有汤屋的存在。水池的设计极为巧妙，建了两座小岛，架起了回游式的便捷小桥。东方用山隔出了

成就院庭园

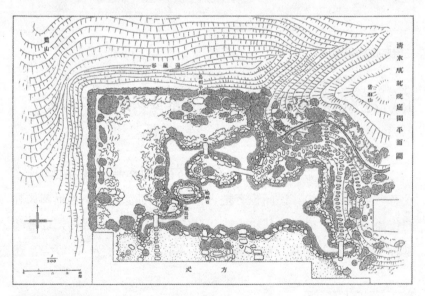

成就院庭园平面图

界线，西部以及北部造了篱笆，且北部的篱笆特地做了两重，在之间摆列了石灯笼，企图联系起墙内外远近的山林，不由得令人称赞这种技巧使庭园看起来极为广阔。这是在早期的江户时代开始就在庭园设计者之间流行的让名园闻名的重要特色手法。

11. 劝修寺庭园　京都市宇治郡山科村

劝修寺庭园的作者不详，最初是在室町时代末期建造的，丰臣秀吉建造三宝院时夺取了庭园中的岩石。为了使道路通往寺内，庭园的面积大大地变小了。

现在以池子为中心的林泉，恐怕是在进入江户时代之后被改造的，它的起源非常古老。本寺那用华丽的劝修寺灯笼和散放的

劝修寺庭园

景石构成的小平庭非常美丽。这处平庭被建成的时代不详,我认为看起来大概是桃山时代前后的作品。我每次访问本寺时,在那个总有些微变化的雅致的石灯笼前,都有一种来时容易去时难的感觉。不过这处平庭是建筑附带的,和同寺的大林泉是完全不能分离的。如果有访问过醍醐三宝院的人,我认为一定要顺便来访问这处劝修院。

三

江户时代 (1603—1868)

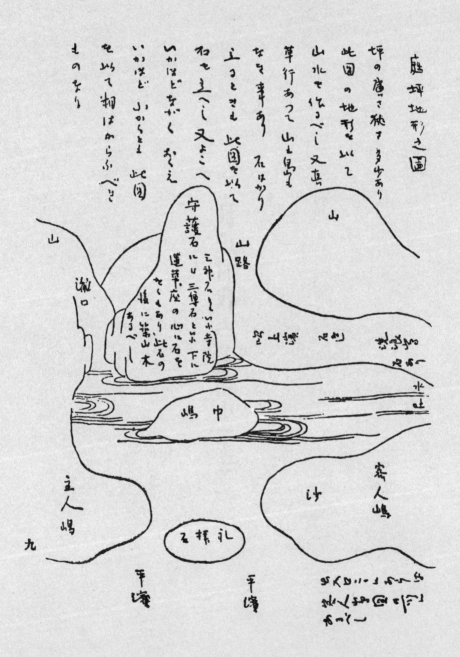

庭坪地形之図

坪の廣さ狹と多少あり

此圖の地形を以て

山水を作るべし又真

草行あつて山を嶋と

なを車あり石はかり

立るときも此圖を以て

石を立へし又よこへ

いかほどながくふえ

いかほどふからとも此圖

を以て料はからふべし

ものなり

山

守護石

山路

瀧口

山

嶋中

主人嶋

客人嶋

沙

礼拝石

水止

平濱

1. 大德寺方丈东庭　京都府爱宕郡大宫村

在室町时代的章节中已经说过大德寺方丈庭园（南庭，参P91），它的作者是天佑和尚。其东侧有庭园与之相连，这座东庭据说是小堀远州的手笔。从远州与大德寺的关系来看，这个说法应该是可信的。

观东庭之现状，南北走向的细长土地上巧妙地分布着岩石与下草，模拟出大自然的一部分，仿的是室町时代的造园风格，这跟酬思庵虎丘小庭、一休禅师庙所庭园类似，禅茶意趣浓厚。庭园东侧设有绿篱，从方丈向东望去，越过绿篱可以远远地看到加茂川河畔的松树，还能远眺彼岸的比叡山，模仿的是三保松原[1]富士山。

大德寺方丈园（南庭与东庭）

---

1. 位于静冈县清水市伸向骏河湾的沙嘴上，是向东北眺望富士山的白沙青松风景胜地，松林中有羽衣传说中的松树。

也就是说，这座东庭是一座完美的借景式庭园。

"借景"这种手法自古以来就有，但是像本园这样禅茶意趣浓厚、时代趣味倾向明显的还是值得一观的。可惜的是，如今这片绿篱外逐步开发，不符合美学的建筑越来越多，导致小堀远州苦心设计的借景也变得一塌糊涂。从这个庭园得到灵感的例子屡见不鲜，最近的便是北边相邻的真珠庵里的七五三庭，说是与完全照搬了本园的样式也不为过。若有机会造访大德寺，两座庭园都要去看看，肯定会感兴趣的。

2. 真珠庵本堂东庭 京都府爱宕郡大宫村大德寺塔头

常有人说"真珠庵的庭园没有任何看头"，但该庭也是不容错过的佳作。本堂[1]东庭号称小堀远州之作，与前面章节介绍的大德寺方丈东庭出自同一手法。对于本庭是不是出自小堀远州之手这件事，我无法断言，但本庭的造园主张与方丈借景园（大德寺方丈东庭）相同。借景东边的比睿山和加茂川松树林荫道这点，与其说是受到了方丈东庭的启发，倒不如说是照抄了去。且庭石从南到北分置于三处，分别以七块、五块、三块为一组，因此被称为七五三庭。庭中大量使用了造庭技巧，这也证明了它的建造时间比方丈东庭稍微靠后。总之，该庭没有任何独创的精妙之处，说是几乎完全模仿了大德寺东庭也不为过。而小堀远州这样的造园天才会在相邻的两处修建两个相似的借景园，这个说法难以让人信服。想来该庭，

1.寺院中安置本尊的建筑物，即正殿。

是在江户时代中期以后，有人仿效小堀远州的作品修建的。但本庭也绝非拙劣之作，纵然是仿品，也无疑是江户时代小庭园中的杰作之一。

另外，真珠庵内的通仙院茶庭出自金森宗和[1]之手，是难得的佳作。

真珠庵通仙院茶庭

3. 孤篷庵庭园　京都府爱宕郡大宫村大德寺塔头

紫野大德寺塔头孤篷庵是小堀远州于庆长[2]十七年（1612）在同为塔头的龙光院中所建，开山祖师是江月宗玩[3]，后于宽永[4]年间

---

1. 江户前期的茶人，名重近，受教于千道安，开创了宗和派。
2. 后阳成、后水尾天皇时代的年号（1596.10.27—1615.7.13）。文禄之后，元和之前。
3. 宗玩和尚，大阪人。二十七岁请住静冈龙光院，敕住大德寺，被称为大德寺中兴祖。
4. 后水尾、明正、后光明天皇时代的年号（1624.2.30—1644.12.16）。元和之后，正保之前。

迁到了现在的地方。庭园使用了远州最擅长的设计手法，书院南庭是一个模拟近江八景的平庭，南边树木之间能眺望船冈山之处。一片平地象征着湖，南边远处架有石桥，配有十三重塔和雪见灯笼等元素，确实是一座拥有近世艳丽之风的优秀庭园。不过，该园后来大部分都已荒废，如今的样子是经过松平不昧修复之后的。自古以来，茶人就极为看中这座庵内的建筑及庭园，书院南庭也成为江户时代平庭中最为杰出的庭园之一。另外，正殿的庭园虽然没有那么

孤篷庵布泉手水钵

孤篷庵茶室

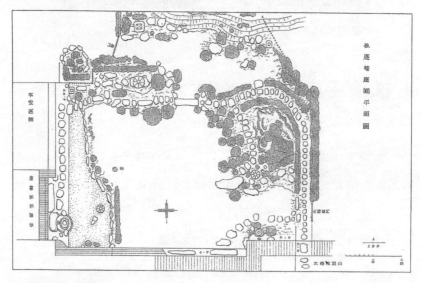

孤篷庵庭园平面图

受世人追捧，但也不失为佳作。有人认为这里除了松花堂[1]喜欢的编笠门之外没有任何可看之处，我却不理解他们的想法，正是大巧不工才妙不可言。那正殿前的空地不只是大胆的留白，前面巧妙地使用绿篱之处也是别出心裁。我走到庭园下方，由西往东望去，方才发现造园者的这一番苦心，似有所得，喜不自胜。

4. 龙光院庭园　京都府爱宕郡大宫村大德寺塔头

龙光院是庆长十一年（1606）黑田长政[2]为其父所建的，其庭园据说也是小堀远州的作品。与孤篷庵的庭园相比，荒废程度更甚。这是因为刺柏过度生长遮蔽了景物。因此，一旦将这些刺柏除去，

龙光院石灯笼

---

1. 松花堂昭乘（1584—1639），江户初期的书法家、画家。
2. 安土桃山、江户初期的武将，黑田孝高之子。

庭园各处的有趣石组等景观就会跃然于眼前。尤其是龙光院中还有很多精美之物，比如石灯笼、石塔等物。这座庭园也是造访大德寺之时不容错过的景点之一。

5. 芳春院庭园　京都府爱宕郡大宫村大德寺塔头

　　芳春院是庆长年中，加贺金泽的城主前田利长[1]的母亲（前田利家[2]的正室）所建。昔日气派非凡的庭园，如今池塘面积缩小，池边的石组也在后世被多次改动，以至于稍稍失了几分雅致。只有宽政年间重修的春湖阁与打月桥，还巧妙地伫立于这片狭小的天地之中。园路也应该更有幽邃之感。本庭园在后世不只是建筑进行了重建，

芳春院庭园

1. 战国时代的武将、大名。加贺藩第二代藩主，丰臣政权五大老之一。父为前田利家、母为正室芳春院（阿松）。
2. 安土桃山时代的武将，加贺藩之祖。

该还是同一位置，只是池中岛与春湖阁的背景应该更加幽深，池边的细节之处也经过多番修改，但借由它现有的样子也可以多少窥其昔日之貌。

6. 二条离宫御庭　京都市二条

《德川实纪》[1]上记载：庆长六年（1601）十二月二条城开工；庆长七年（1602）聚乐第迁至此处，被称为新御所、新屋敷；庆长八年（1603）三月德川家康入城。由此推测，庭园应该也是同时修建的，如今所用的构建材料恐怕是当时小堀远州从聚乐第挪过来的。

如今的庭园在黑书院、大广间的西方偏南处，是一处以池塘为中心的庭园。水池的形状使用了极为自由的曲线，也就是所谓的心字池。池中筑有大小二岛，水池西北角（小岛的对岸）设有泷口，引自堀川的水流由此落下形成瀑布。池边奇石巧立，在池水西南入江处架有石桥。故而，庭园布局上并没有什么特别之处，是当时比较典型的造园样式。但是，细节之处手法微妙，面水而立的各处奇石，其色彩、形状、纹理及配置都十分优美。材料的配比方面，虽然在刚健之感的表现上不能说完美，但石头相互间构成了奇妙的韵律和让人惊叹的统一。这种在形式美上的成功，把盛行于江户时代的远州派造园法发挥到了极致。而且，造园材料只限于岩石与水，并不使用树木，这种手法无疑是受到了前辈相阿弥、朝雾志摩之助

---

1. 江户幕府编纂的史书，1809 年开始编写，1849 年完成，516 册。该书以编年体形式，详述从家康到第十代将军家治的各代将军的统治业绩。

京都二条城书院及庭园

等人作品的启发。换言之，自安土桃山时期以来盛行的城郭建筑气势雄伟，而设计出能与之抗衡的庭园，想来是从志摩之助的虎溪庭等作品中取了不少经吧。

故此，我认为二条城二之丸庭园在材料上或许是混用了室町时代乃至桃山时代的东西，但至于它的设计施工，则完全在是江户幕府创立时期的庆长年间进行的。然而，庭园如今因为不能如同往昔一般从堀川引水，形成了空地。而该园的构造材料原本就只有岩石与水，这两者都关系到庭园的价值，缺一不可。尤其是，如今虽然也有水路引至瀑布，但时常无水落下，因此池塘便成了空池。不仅如此，如今园中还加种了许多庭木，这也不是最初的设计。

7. 南禅寺方丈庭园　京都市上京区南禅寺町

南禅寺方丈是天正时期[1]御建的清凉殿[2]，样式为单纯的寝殿造，但其庭园却完全是江户时代初期的作品。据寺传也号称小堀远州之作。该园较室町时代到桃山时代盛行的禅寺庭园有进一步发展，自古有"虎负子渡河庭"之称，但与龙安寺庭园相比意趣大有不同，应该说是一座江户时代书院建筑附属的近世式平庭。方丈南边矩形土地偏东处所置大岩石是庭园的中心，自此向西摆放岩石，石头越来越小，还种植了常绿树木作为景致。不只如此，整体背景还利用了墙外的老松树与大日山，将小堀远州一流的造园技巧发挥

---

1. 日本正亲町、后阳成天皇时代的年号（1573.7.28—1592.12.8）。元龟之后，文禄之前。
2. 平安京皇居的宫殿之一。古时为天皇处理公务的日常居所，近世仅用于举行仪式。

得恰到好处。唯一遗憾的是，由于最近新建的库里[1]屋盖[2]，已无法眺望大日山，对这座名园的价值产生了不小的影响。但是，作为本园构建材料的岩石本身及其布置却十分艳丽。即便它也是一座铺满白砂的远州式平庭，但与大德寺方丈庭园相比，充分发挥了近世庭园的长处。因此，本园并不像龙安寺庭园那样完全立足于禅意。有观点认为，它与其说是寺院的庭园，倒不如说当初是按华丽的书院中庭修建的。该园不失为江户时代平庭中的代表作之一，与孤篷庵平庭的看点完全不同，而且从材料的自由运用上，可以窥得小堀远州在造园上的非凡技术。

京都御所清凉殿

---

1. 寺院的厨房或僧侣居所。
2. 房屋最上部的围护结构，应满足相应的使用功能要求，为建筑提供适宜的内部空间环境。

南禅寺庭园（从方丈的走廊向南望）

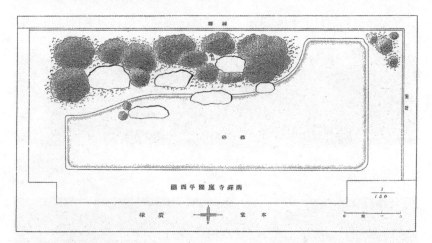

南禅寺庭园平面图

8.金地院庭园　京都市上京区南禅寺町

　　南禅寺塔头之一的金地院庭园，传闻也是小堀远州所作，与同为室町时代的禅院平庭相比，所用技巧稍显复杂，因此又具备了江户时代平庭的特色，值得关注。这座庭园自古以来被称为鹤龟庭。方丈坐北朝南，其南庭形成了东西向的长方形。庭中铺满白沙，南侧中央置有一块扁平的巨石，其左右筑有以数块石头为一团的石组，再配上树木，拟作一龟一鹤，并在三组石头之间铺上鹅卵石，以天然的小丘作为整园的背景。该园在保持了禅院庭园典型特点的同时，又有大量近代的润色修饰，号称远州之作也是有原因的。

然而，东边还有一个小型林泉与这个长方形庭园相连，这个庭园的建造时间应该远在鹤龟庭之后，池塘是心字池，池中岛上供奉着一个小神社，自西岸架桥通往此处，自东岸则铺有泽飞[1]的园路连通，明智门附近池边置有一块长方形的石头作为"舟着[2]"。这种造园布局自江户初期以来十分常见，特别是被认为出自远州之手

（从方丈向南望）

（从方丈向东南望）

金地院庭园

1. 庭园的池泉或溪流中铺设的飞石，也就是踏脚石。也叫"泽渡"。
2. 泊船之处。

的作品中有很多都是如此。如今的庭园虽然在细节上后世有修补，但大体上还是保留了江户中期修建之时的原貌。

金地院八窗茶室

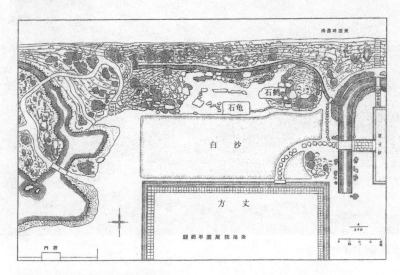

南禅寺塔头金地院庭园平面图

9. 本法寺庭园　京都市上京区小川上

　　本法寺是日莲宗十六本寺[1]之一，其庭园传说是本阿弥光悦之作，是一处极为特殊的庭园作品，需要慎重考虑到底应该归为桃山时代还是江户时代。我基于一些原因，认为将其归于江户时代的作品比较稳妥。

　　该园一言概之，是一处图案化的庭园，委实特殊。自古以来这座庭园被称为三巴庭，是一座面向西方的南北向的狭长庭园，东南角上筑有一座巴形（螺旋状）假山。巴形首尾有一座石桥相连，最里面的角落立有一块巨石作为泷口，还兼具了守护石与泷副石。这座假山再往西一点，筑有一处巴形小丘，又在离两者较远的北方筑有另一处稍低的巴形小丘。而平地全部象征池塘，看上去是中央的地方则用八桥构成十角形的图案的小蓄水池，里面种有菖蒲。这种设计可以看作池塘的象征，只是八桥北部有两块半圆形的平石相向而置形成圆形，不知道是象征飞石，还是寓意拜石，难以判断。

本法寺庭园

1. 总寺院。

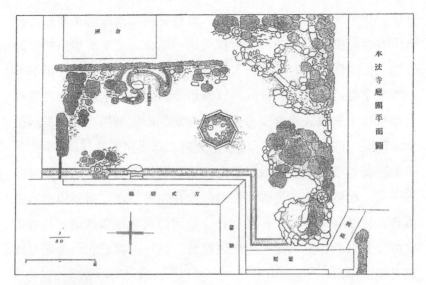

本法寺庭园平面图

有一种说法，认为该园是波浪的图案，巴形小丘都可以看作波纹。如此说来的话，圆形石块就可以看作水泡。总而言之，与传统庭园不同，整座庭园都采用了图案化的有趣设计。当时的造园家主要是画家茶人，而光悦既是鉴定家，同时又是画家和茶人，如此多才多艺，在当时的造园界无疑是最耀眼的存在。同时他的技巧偏好也在造园上得到了体现，想来着实有趣。

10. 桂离宫御庭　京都府葛野郡下桂村

　　京都桂离宫坐落于桂川之东，西眺西山，北望岚山。桂离宫原为天正末年丰臣秀吉为养子智仁亲王[1]兴建的一处别墅，传闻其

---

1. 八条宫智仁亲王。战国时代至江户时代前期的皇族和歌人，八条宫（桂宫）家第一代当主。

书院、林泉均是小堀远州的作品。据说小堀远州在动工之初，向丰臣秀吉提出了三个条件才肯接受这项工作。这个故事虽然广为人知，但实际上当时的关键人物——小堀远州尚且年幼，根本不可能从事庭园与建筑设计，所以恐怕是跟之后宽永年间大改建以及增修御幸御殿（新御殿）的事情弄混了。这是因为，在其后的宽永年间，也就是二世智忠亲王[1]之时，后水尾天皇行幸[2]至此，小堀远州曾受命增修新殿。因此，这次增修之前的建筑被称为御古书院，增修的则称为御幸御殿，现在也是如此。据说园中的月波楼、松琴亭、赏花亭、笑意轩等建筑都是这次修建的。若将现存的桂离宫看作宽永年间完成的作品，姑且可以把它归为远州成熟时期的作品。

如今来看这座庭园，其建筑无论大小，都与普通住宅不同，设计随意到让人感觉它们不过是造园材料之一，甚至有观点认为桂离宫本就是以庭园为主。故此，御古书院、御幸御殿等建筑也是建在庭园的北边，无喧宾夺主之意。其南面掘有心字池，设计极其复杂，池中有大小五个岛以及众多岬角[3]和入江[4]，其上架设桥梁，这样的布局使得庭园看上去比实际的面积更为宽阔。考虑到各处设置的茶室、待合（等候室）、腰挂（凳子）等一系列的元素，铺设园路所使用的飞石、石灯笼、手水钵等实用性材料，大多都是基于当时的茶道趣味精心设计的，在技巧上面几乎可以说是达到了这类庭园的顶峰。

本人见过众多号称小堀远州之作的庭园，但如本园这般技巧精湛，在充分表现了茶道趣味的同时还包含了诸多实用元素的，着实

---

1. 八条宫智忠亲王。日本江户时代前期的皇族，八条宫（桂宫）家第二代当主。
2. 指天皇出行。
3. 陆地伸入湖、海等水域中的前端。陆岬、海角。
4. 海或湖进入到陆地的部分。河口湾、小海湾、汉道。

京都桂离宫玄关及真体飞石

无人能出其右。本园所在的桂川河畔是可以四面远眺的绝佳地点，想来无论是谁都会利用这点。但是，它的设计并未拘泥于此，而是绿篱环绕，只留下御幸御殿一处能够眺望园外，其他再无一处借景。这正是远州的高妙之处，他有意切断庭园与外界的联系，让人一旦踏入园内，就产生仿佛脱离尘世、步入仙境之感。这些绝妙的手法也是本园最鲜明的特色之一。而庭园中的山也是为了达到这一效果的人工产物，池塘则是根据他的造园主张，凿成水池与河流的极富变化的形状，池水引自桂川（池中可见涌泉）。这种造园模式可以称为自桃山时代至江户时代形成的"后苑"的范本了。因此，之后建造林泉式庭园的造园家大都效仿本园，远州在园中各处所使用的技巧，最终成变成了造园上的各项规定。举例来说，中门外设置落轿的板石[1]，进门后园路向西北延伸，跨过入江上所架石桥，最后到达东向的御车寄[2]。御车寄前的飞石是由正方形和不规则的板石组合而成的长方形大伸段[3]，沓脱[4]可以摆放六双鞋，又叫"六之沓脱"，这些规定号称远州喜好的真体飞石，自古以来就颇为讲究。但这些规定也绝非没有先例，应该是从以往的禅院铺路石得到的启发吧。想必远州是研究了众多前辈们的作品，集百家之长的天才。如今远州被广为传颂的创意，虽然大都是从室町、桃山两个时代前

桂离宫禁苑

1. 板状的石材。
2. 前文所提到过的停车门廊。
3. 有一定长度的可以认为是路的飞石。
4. 玄关脱鞋处。

辈们的尝试中得到的启发，但他又融入自己的创意推陈出新，这正是小堀远州的伟大之处。

11. 仙洞御所御庭　京都市

在号称小堀远州的作品当中，京都的仙洞御所御庭可谓首屈一指。虽然其确为远州派的风格，但是否出自远州之手，还有待考证。据说原来御所的建筑位于如今庭园的西边，庭园是南北向的林泉回游式，可见与桂离宫庭园造园风格一致。而且，池塘分为北、中、南三个部分，分界处无疑缩小了池面，上面架桥。

其中，北边的池塘最为宽阔，被称为真体山水，其池边的石组和树木等配置规模都是最大的。中部的池塘有行体山水之称，在东侧略微偏北的位置从加茂川引水形成瀑布，出水口的构造精美绝

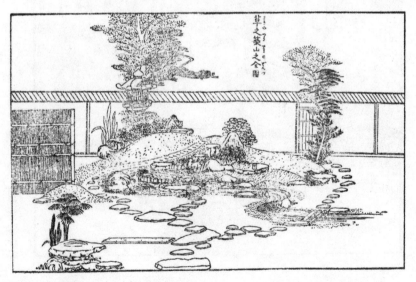

草之筑山全图

行之筑山全图

142

伦，充分展现了远州派的特色。而南边的池塘有草体山水之称，与行体山水的中部池塘交界处建有一座小岛，再以八桥[1]连通池塘东西两侧。池塘西侧的沙滩则铺设了大量的圆形石块，这种石头被称为"小田原一升石"，是相州大久保氏[2]敬献之物。据说，在当时的小田原，圆石是非常贵重的东西，一块圆石能换一升米。

池塘东侧建有横跨南北的丘陵，上设园路可通南北。在南端还建有一处较高的假山，从这里可以远眺东山。

如上所述，庭园整体设计极具桃山时代至江户初期盛行的庭园特色，是典型的远州派风格。不仅可以泛舟池上，池周还铺有园路便于游园亲近自然。南北的两端设有茶室，池塘西侧的园路旁筑有矮坡，上面种有铁树等大型树木，并配有景石，相得益彰。私以为，该庭园在江户初期的中大型庭园中也是出类拔萃，独树一帜的存在。

仙洞御所禁苑

---

1. 九曲桥。指池塘上用数块窄条板架成的数座"之"字形的桥。
2. 大久保忠真。相模国小田原藩的第七代藩主。

仙洞御所禁苑古图

12. 涉成园　京都市下京区枳壳马场东玉水町

　　该庭园是位于京都市东本愿寺的别邸。由于周边种植枳壳，所以还有枳壳邸之称。现在占地有一万零六百余坪。此地相传是河原院的遗迹，据说左大臣源融[1]曾模仿奥州盐釜的风景在此修建别墅，命人从难波[2]运来潮水焚水造盐。但如今的庭园，则是宣如上人[3]组织修建的，设计者是石川丈山[4]。因此，该庭园是江户初期之作，同样是回游式庭园。而且由于本园位于东本愿寺的正东，因此又称作东殿或东阁。曾经还因为占地广袤，还被世人称为"百间屋敷[5]"。观其现状，周边人烟稠密，有些部分已经不见昔日的面貌，但是大体上还保留了远离世俗的幽静。园中大部分都用来修建了池塘，名为印月池。池中的五松坞以下建有数个小岛，从池塘的西岸和北岸都架有通往五松坞的桥梁。西边的是名为"侵雪桥"的木拱

---

1. 嵯峨天皇第十二子。受赐源姓，降为臣籍，升任左大臣，亦称河原左大臣。
2. 大阪市一带的古名。
3. 江户初期的净土真宗僧侣。东本愿寺第十三代法主。
4. 安土桃山至江户初期的武将、文人。
5. 一百间宅邸的意思，形容面积之大。

桥，北边则是名为"回棹廊"的廊桥，这种廊桥样式从桃山时代到江户初期都非常盛行。当今人们的游览路线，通常是将南大门作为入口，从漱枕居出发，沿着池塘的西岸，向北走过侵雪桥，然后在五松坞参观茶室缩远亭，再经过回棹廊，绕北岸向西走，参观傍花阁后返回。但据赖山阳[1]的《涉成园记》描述，以前除了陆地之外，还能泛舟于两岛之间。缩远亭是由于能眺望东山一带的风景而得名。另外，传说涉成园的名字也是设计者丈山选的。

诚然，涉成园同样是远州派的回游式庭园。傍花阁的灵感，则是源自禅宗寺院，丈山将其巧妙地运用于庭园建筑，天花板绘有十二地支，呈蹄形磁铁形状位于楼阁的左右两侧，创意独具匠心，令人注目。通过涉成园，我们能发现江户时代的庭园中经常会加入设计者的独特爱好，不得不说让人兴趣盎然。再补充一点，涉成园有十三景，分别是：滴翠轩、傍花阁、印月池、卧龙堂、五松坞、侵雪桥、缩远亭、紫藤岸、偶仙楼、双梅檐、漱枕居、回棹廊、丹枫溪。

东本愿寺涉成园（滴翠轩背面）

1. 江户后期儒学家、历史学家、汉诗人、书法家。著有《日本外史》等。

东本愿寺涉成园（傍花阁与侵雪桥）

东本愿寺涉成园（双梅檐与漱枕居）

东本愿寺涉成园

东本愿寺涉成园（滴翠轩及临池亭）

东本愿寺涉成园（缩远亭与回棹廊）

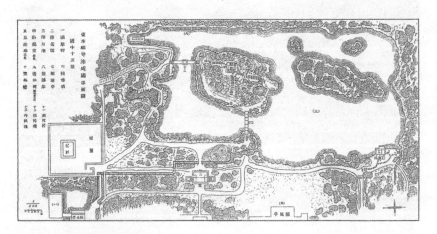

东本愿寺涉成园平面图

13. 轮王寺庭园　栃木县下都贺郡日光町

　　日光轮王寺本院曾遭遇火灾，现在看到的是明治十四年（1881）重建后的样子。但是它的庭园应该还是很大程度上保留了最初的形貌。纵观其园，建筑物的南边有一条横贯东西的宽阔水池，池水从东边的角落引入，再从西南角流到园外。这种池水流向是我国庭园自古以来使用得最多的设计。如今的庭园，池中岛以西依然是昔日旧貌，而小岛以东一看便知是经过了最近的改建。

　　现在从庭园布局来看，完全是江户时期初期以来盛行的回游式庭园。池塘四周有回游的园路连接池中岛，池塘西边还建有凉亭造型的小茶室，端坐于此，整座庭园便一览无余。而这种设计自室町时代以后，桃山时代、江户时代都得到了广泛运用，如京都西芳寺的湘南亭，涉成园的漱枕居，蓬莱园的咏归亭，等等，不胜枚举。不仅如此，为了使庭园不显单调，桥梁的设计也颇具匠心，各处配置的石塔、石灯笼等物，充分展现了江户初期庭园的特点。要说与其相似的名园，就要提到京都仙洞御所的庭园。轮王寺庭园的西南角处筑有一处小丘名曰"望岳台"，可遥拜男体山。与之类似，仙洞御所庭园的东南角同样有座小丘可遥望东山。本园应该是修建于江户初期，也就是宽永至庆安[1]期间。园中的建筑物尽管是后来重修的，但池中岛以西的部分大都保持了旧时的风貌。只是，对照宝历[2]年间的古绘图便一目了然——昔日的建筑物位于园中西部，临池而建，占地广阔，与现今的模样还是有所不同的。

---

1. 后光明天皇时代的年号（1648.2.15—1652.9.18）。
2. 桃园·后樱町天皇时代的年号（1751.10.27—1764.6.2）。宽延之后，明和之前。

14. 高台寺庭园　京都市下京区下河原町

　　高台寺的庭园号称小堀远州之作，与南禅寺塔头金地院都被称为"鹤龟庭"，即池塘中央有条连接东西的走廊，走廊的右侧称为鹤，左侧则称为龟。将池塘建成鹤或者龟的形状在《作庭记》中

高台寺庭园

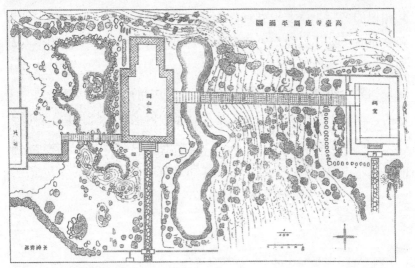

高台寺庭园平面图

早有记载，说明理念由来已久。而且自古以来就盛行龟形蓬莱岛的设计，但龟鹤则似乎是自小堀远州以后才出现。如此推测，鹤龟庭的设计也许是江户时代独有的趣味。

本园地处东山灵山之麓，园中除了使用中国风的太湖石（我近期过去高台寺，但未见到太湖石），并无让人眼前一亮之处。但这并不意味着设计拙劣，只是相较其他号称远州作品的庭园而言稍显逊色。说到卧龙廊的话，也确有过于拘泥技巧的嫌疑。

如此说来或许会让人以为高台寺庭园很无趣，但该寺有也不容错过的地方。其中的建筑物自不用说，若是造园家便更不会错过山上的伞亭和时雨亭。人们来到高台寺通常只会游览山下的区域，经常忘记去参观二亭，但若是造园家请务必一睹为妙。导游基本上也不会带游客来此参观，这方面确有疏漏。今后，望游客能提议导游登山一观。二亭原位于伏见城，后迁至高台寺。通过如今的二亭，

高台寺内绍益茶室

我们能够想象出，丰臣秀吉为了打造出宛如隐于深山的茶室，便在河边筑起一座二十丈的山，栽上各种树木，充分展现了桃山时代的茶道奥义"侘（娴静幽寂、清淡高雅）"这一特点。特别是时雨亭，充分利用地形，构造自由且大胆，是那些拘泥于后世造园规定的茶人之流无法企及的高度。再看伞亭的天花板，设计精巧，体现了千利休喜好的风格。通过这两亭，我们得以窥见桃山时代豪放的时代精神以及千利休的茶道思想。

高台寺伞亭

15. 修学院离宫御庭　京都府爱宕郡修学院村

　　修学院离宫坐落于比睿山云母坡西麓，地理位置优越，西眺能把京都一带尽收眼底。离宫占地广阔，虽说有84035坪，但实际上是由上、中、下三部分组成，而且每部分各自独立，不能视其为一个统一的庭园。如上所述，我认为将其看作上、中、下三个庭园更为妥当。

　　根据《林丘寺记》的记载，离宫建于承应[1]年间，天皇曾多次驾临此地，也就是说，修学院离宫是幕府为后水尾上皇修建的。但众所周知，亭榭林泉是出自上皇本人的设计，而且根据可靠的文书记载，御庭的一木一石的配置同样是上皇亲自操刀。

　　再来看今日的离宫御庭，下御茶屋与中御茶屋的庭园与江户时代的普通书院林泉相同，采用了造型优美的石组、池塘和遣水（曲水），虽然规模极小，但还装饰着各种实用却美观的石灯笼，从这一点可以看出江户初期庭园素材的特色。比起同时期的那些优雅的建筑物，特别是妇人居所处的石组、遣水等元素，处理得恰到好处，可见造园技巧的飞跃进步，最具代表性的便是中御茶屋。而且有不少证据表明，该庭的设计同样出自后水尾上皇之手。

　　而上御茶屋御庭则规模最大，风格与下、中御茶屋的庭园大相径庭。园中大部分都是池塘，名为"浴龙池"，池上建有五座大小不一的小岛，在其中两座大岛上分别建有穷邃轩和待合（等候室），并架有桥梁连接池岸与两岛。

　　这种林泉式庭园东面靠山，西面远眺，可观回游式园路连通池塘四周与池中岛，无论是水上或是岸上，庭园各处均可游玩观赏。

---

1. 后光明、后西天皇时代的年号（1652.9.18—1655.4.13）。庆安之后，明历之前。

修学院离宫庭御庭下之御茶屋及石灯笼

修学院离宫禁苑

而且园路各处还配有许多灯笼，灯笼的样式也极其考究，可谓后世的范本。

但是，整座庭园的设计缺乏统一感，瀑布的设计与同时代的其他佳作相比也稍显逊色。而且，后来文政[1]年间京都所司代[2]内藤信敦[3]修建的千岁桥简直就是画蛇添足，本园的价值也因此受到极大损害。

该庭园还有其他值得关注的地方，就是浴龙池西边斜坡一带的杂木林，这里混栽了各种各样的野生树木，形成了一片密林。整座林子都经过了修剪，这是为了在上御茶屋眺望西方时，以及从西边仰望上御茶屋时，能够感受自然环境与人工的衔接。就如小规模的石组与修剪过的植物作用一样，能把建筑和环境更加自然和谐地联系起来。私以为，这片修剪过的密林也算得上该庭园的一大特色。

最后补充一点，该御庭的设计者后水尾上皇除了桂离宫的御庭，也游览过其他庭园，特别是小堀远州的作品，最受其喜爱。我们可以推测，后水尾上皇或许是从远州的诸多作品中受到启发，在园路的设计和灯笼的使用上精益求精，很多地方甚至比远州的作品更胜一筹。

16. 酬恩庵方丈庭园　京都府缀喜郡田边町

酬恩庵方丈的庭园自东向北造型蜿蜒曲折，以北庭为主。据寺传记载，这个庭园是小堀远州的门徒、晚年隐居山野的佐川田喜

---

1. 仁孝天皇时代的年号（1818.4.22—1830.12.10）。文化之后，天保之前。
2. 江户幕府的官职名。一般由谱代大名担任，是幕府在京都的代表。
3. 江户时代后期的大名。越后村上藩的第六代藩主。

六[1]与泷本坊昭乘[2]（松花堂）、石川丈山协商修建的，因此被称为"三作之庭"。如此看来，该园应该是宽永以前的作品，江户初期的禅院庭园之一，即在东北角用巨岩构筑山岳的形状，再配以诸多立石，号称"十六罗汉游戏庭"，并建有一座高丽塔。另外，该园西边的角落还建造了一个以灯笼为中心的小庭，庭园中央亦设有石组，三者虽互有联系，但还是把西边的小庭看作独立的比较好。想来是作者利用了从该庵方丈（居室）北望淀川以及河中上下起伏的白帆、男山、京都街道、比叡山等景观这一点。与庭园的面积相比，这些建筑材料似乎显得过大，但这种完美融入大自然景致的借景园，正是设计者煞费苦心的结果，这一点跟大德寺方丈庭园大体类似。但是，由于利用了从北面远眺这一点，主体部分结构更加强健有力，同时赋予了一层立体变化之感。私以为，该庭园的作者除了单纯的茶道趣味和禅宗思想之外，更具有绘画的特质，想必这是因为有像松花堂这样的名家参与吧。

17. 仁和寺庭园 　京都府葛野郡花园村

　　若游览京都，除了参观金阁寺、等持院、龙安寺等名园，仁和寺庭园也不应错过。该寺历史悠久，但现在的庭园则是江户时代初期所建。也就是说，该园是以前大方丈的庭园，位于寺内东北角，背靠森林，前有池塘，池边布置优美的石组，池中所立岩石也颇具气势。池上还架有小桥，从这里有条园路通往假山上面，山上有光

---

1. 佐川田昌俊。江户初期的武士、歌人。本姓高阶，通称喜六。
2. 松花堂昭乘。日本江户前期的著名书画家，石清水八幡宫泷本坊的住持。

格天皇生前最心爱的茶室——飞涛亭，外观优美，颇具近代风情。另外，该寺园内还有一间茶室名曰"辽郭亭"，是尾形光琳[1]设计的用于自己居住的建筑，后来才迁至此处。这间茶室在茶人中引起巨大轰动，被世人称为"四方正面茶室"。

仁和寺庭园

仁和寺飞涛亭

1. 江户中期的画家、工艺美术家。京都人。

仁和寺茶室辽廓亭

18. 后乐园　东京市小石川区陆军炮兵工厂厂内

　　本园原本是水户德川氏的宅邸，从建造之初开始就历经变革，在建造上的风格也与德川赖房以前及德川光圀时期之后有显著的差异。从大体上的布局来看，完全是一座回游式庭园，设计者是德大寺佐兵卫。而且，如今来看，蓬莱岛建于心字池中的设计也是沿袭了从上个时代流传下来的样式。然而，宽文元年（1661），本园还未完工之时赖房就去世了，光圀一继位就命人继续修建。他原本就对儒学造诣颇深，而且对中国很感兴趣，又得到明朝遗臣朱舜水[1]的协助，对中国更加情有独钟，就连园名也是由朱舜水选定的。因此，

1. 朱之瑜。明朝学者、教育家。东渡日本传播儒学，开创日本水户学。

本园的设计，尤其是建筑物相关，舜水参与的地方甚多。诸如唐门、圆月桥等中国风的诸多设计自然也在情理之中。而在光圀之后，八封堂、得仁堂等建筑的修建也并非没有理由。正如上文所言，本园的正门是朱舜水设计的唐门，进入后便是穿行于木曾山（梭椙山）山林之间，向左仰望白云岭和蜈蚣山，山脚下立田川河水潺潺，再往西走，下坡后往右就会看到一片湖水。这里原本有一片沼泽，第三代将军德川家光亲自设计，自小日向上水[1]引水形成了一个大水池，据说水池的造型也是家光的构思。所谓小日向上水，就是神田上水在堰口的分流。另外，蓬莱岛上有著名的德大寺石。从岛上经过币帛桥，再朝着立石河的溪流向左走一点就是驻步泉碑（烈公书）。左边就是西行堂，于大正十二年（1923）的大地震中倒塌；右边则是歌碑。下坡沿着水池往右走，就会发现石桥（大正十二年

后乐园庭园

---

1. 上水道。为饮用或其他用途，通过沟或管道等供给的干净水。

畔是"唐崎一棵松[1]"。从那里往北走，这里的建筑也在大正十二

大地震中断裂）的左侧有一部分湖水流入这里形成了莲池，桥的北

年（1923）的大地震中损毁了。但是最近修建了一座名曰"丸屋"

的园亭，从这里登山，会经过得仁堂，往东走的话会看到白丝泷（瀑

布），下游铺有泽飞（渡水石）可供通过。

　　再从前面的石桥转向西南岸，向西行就是新旧的涵德亭，均

在大正十二年九月一日的大地震引发的火灾中化为乌有了，但里面

的大堰川和西湖保留了下来。这座渡月桥模拟的是京都的风景，山

上有座仿清水寺的观音堂，但也由于同样的原因已经烧毁了。圆月

桥虽没有受到致命损毁，但爱宕山上的八卦堂也在当时烧毁了。除

上述的以外，昔日还有更多的建筑物，一个个地消失在历史当中，

如今只剩下极少数。但大体在园区布局上依然有着生命力，而且庭

园的树木也只是在这次的大地震中烧毁了一部分，所以无论怎么说

后乐园白丝泷

1. "唐崎夜雨"是近江八景之一。这里的松树是比拟琵琶湖畔著名的"唐崎の松"。

都应该作为名园得到保护。还有一点容易被忽略，那就是该园的园路——板石、玉石等材料的铺砌别具匠心。不得不说中式趣味从这些地方也可见端倪，着实有趣。

19. 蓬莱园　　东京市浅草区向柳原町松浦伯爵宅邸内

本园位于松浦伯爵的府邸内，是江户时代初期的作品，据说设计者是禅僧江月[1]。最初在松浦隆信[2]时期，幕府特地命人在此兴建别墅，并与江月和尚、小堀远州等人策划，凿池筑山。当时将庭园的大部分都设计成池塘，从三味线渠引水过来形成潮入池，池中靠近水池东岸的地方建造蓬莱岛，并在附近的水中立起数块石头，为避免单调，还在岛的北面凸出形成一个半岛。池塘四周设计为回游式，北岸以西是平铺着小石块的沙滩。这种设计与京都仙洞御所的"小田原一升石"出自同一种手法，但因为有潮水的涨退，所以效果更佳，是江户时代潮入池常用的设计。沙滩以西还有一处水潭，在该水潭的西北角有块石头在弯道处挡住水流。沙滩和水潭之间还架有一座桥，名曰"千引桥"，桥的西边是一片草地。不用说，这里以前是弓箭场。

再进一步看细节，建于池塘西岸的咏归亭有一半悬于水上，北边窗外有滑轮高挂，这种设计可以让人坐于亭内就能从池中取水。在亭子南面的池畔修建露地（茶庭），这点与桂离宫倒是如出一辙。除此之外，池塘的北面有一个竹亭的茶室，也配有一个优雅的露地，

---

1. 江月宗玩。江户时代初期临济宗僧人、茶人。大德寺主持。
2. 江户时代前期的大名。肥前国平户藩的第三代藩主。

可惜的是，这个竹亭也在大正十二年的大地震中被烧毁了。石灯笼、手水钵等元素本有不少，但大多也都因为大地震而损坏了。

　　该园的情况大致如上所述，据说在松浦镇信[1]时，受到山鹿素行[2]兵家思想的影响，在池塘的东南用石头堆起壁垒，以划分内外苑，形成桃源窟。这些地方也是江户时代庭园的有趣之处及特色所在。连接池塘南岸和东岸池边工程大概也是这个时候改建的，所以铺路石的形状配置等也展现出了前代造园家上没有见过的特殊趣味。但是，该园大体上还是符合回游式庭园的造园主张，只是东岸凸出的岬角附近的区域模仿的是古时的街道，所以一里碑[3]被原封不动地保存了下来。渡过架于岬角北望潮入江（峡湾）之上的桥就是小町祠，旁边立有刻着天正某年的古代驿站的石碑——这些设计让人不禁想到了后来的户山庄。

蓬莱园庭园一

1. 隆信之子。一生致力于发展平户港的贸易。
2. 日本江户前期学者、儒学家、兵法家。古学派创始人之一，武士道精神的积极倡导者。
3. 也叫"一里塚"。是古代标示道路里程的土冢，相当于里程碑的作用。

蓬莱园庭园二

20. 知恩院庭园　京都区下京区林町

　　华顶山知恩院在京都也是一座具有悠久历史的寺院，但由于
屡遭战火，从桃山时代至江户时代进行了多次修理重建。宽永十年
（1633）又遭受火灾，同年十二月在第三代将军德川家光的命令
下着手重建，于宽永十三年（1636）铸造了大钟[1]，直到宽永十六
年（1639）各殿才竣工，所以我认为这座庭园的修建恐怕也是宽
永以后的事情了。据寺传记载，该园的设计者是小堀远州。庭园坐
落于东山之麓从大方丈南面向东拐弯的位置，大方丈的南侧与东
侧有池塘连通，池塘中央，也就是架桥的位置池面变得十分狭窄，
这和慈照寺的池塘在龙背桥处往里收的设计十分相似。也就是说，
两边的池塘各有特色自成一格，又为了使之统一而在分界的位置架

---

1. 知恩院内有一口重 70 吨、高 3.3 米的大吊钟，为日本之最。每年除夕夜由 17 位僧侣齐力撞
　响院内的大钟，钟鸣浑厚悠远，响彻古都京都的夜空，已经成为除夕夜不可缺少的节目。

桥。过了这座桥就有通往东山的园路，可以环游东山山腹。这种利用地形的设计虽并无新意，但也运用得当丝毫不显牵强。

知恩院庭园

知恩院庭园（大方丈南庭）

　　特别是池塘附近搭配的石头采用的是相当巨大的岩石，与这座大伽蓝[1]搭配更显得庄严威武。另外，沿着建筑物铺设白砂的手法更是让本园又添亮点。

---

1. 佛教寺院的通称。

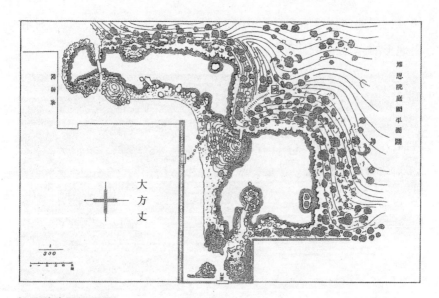

知恩院庭园平面图

21. 六义园　东京市本乡区富士前町岩崎男爵邸内

　　驹込的六义园原本是柳泽吉保[1]的别墅，因元禄年间曾多次在此宴请纲吉[2]将军而广为人知。这座宽阔的庭园集近世日本庭园之长，池边的设计也去繁从简，显得十分雅致，可以排进东京名园的前五名。据现存的旧时记录来看，当时六义园的园区布局如现状所示，是江户时代典型的诸侯后苑。分布于各处的建筑物中有神社、佛阁、农舍等，虽然不像户山庄那样极端，但也加入了相

1.江户时代德川幕府第五代将军德川纲吉的侧用人(侍于将军侧近，负责在将军和老中之间传话、并向将军汇报意见的重要官职)。
2.江户时代第五代征夷大将军（1680—1709年在位），是三代将军德川家光的第四子，四代将军德川家纲异母弟，母桂昌院。

166

当多的写实要素。从藤代岭[1]朝南看，可将园池尽收眼底，若是晴天，还能远眺富士山与筑波山，所以筑波山方向的梅林进行了修剪，便于观景。此类手法表明，江户时代的后苑通常会把设计重点放在视野的利用上。另外，与松平乐翁[2]的浴恩园[3]一样，本园于元禄十五年（1702）择八十八处名胜景点请细井广泽[4]刻于石碑之上，这样的做法早在当时便出现，并且随着时代的变迁逐渐盛行，到了乐翁修建南湖公园的时候更是达到了一个高峰。总之，切不可错过这座东京名园。

六义园

1. 六义园八十八景之一。日语原为"藤代峠"，"峠"意为山顶，是整座庭园的最高处，从这里可以俯视整个庭园。
2. 松平定信，号花月翁、白河乐翁。
3. 建成时间晚于六义园。
4. 江户中期的儒学家、书法家，远州挂川藩人。

22. 成趣园　熊本县饱讬郡出水村

比起"成趣园"的园名，其实"熊本的水前寺"这个名字更为人所熟知。宽永九年（1632）细川忠利[1]入国[2]之时，丰后[3]罗汉寺的僧人玄宅在此修建了水前寺，因此得名。后来忠利将寺院迁至园外，原址改为别墅后也称作"水前寺的茶屋"。明治维新以后便面向大众开放，可以进入观赏游玩。从平面布局来看，庭园以池塘为中心，西边筑有假山，仿的是富士山，园内还建有园路可供环游。但本园最值得关注的是清澈的池水与美丽的草坪，还有随处可见的彰显着江户时代最先进园林技术的庭木造型，这种修剪技巧也与关西地区常见的修剪方法属同一体系。另外，池上除有桥连接出水神社与"富士山"东麓以外，还大胆地只使用泽飞（渡水石）铺路，纵横交错连通了池中两座小岛。这种设计比较罕见，但用在以水之清澈著称的本园中确实十分合理。

23. 缩景园　广岛县广岛市上流川町

本园是旧藩主浅野氏[4]的别墅，被称作御泉水，归浅野氏所有。原本是元和六年（1620，浅野长晟入国的第二年）在此修建的，

---

1. 肥后细川熊本藩的第一代藩主。
2. 指进入肥后国。"肥后"是日本旧国名之一，相当于熊本县全境。
3. 日本旧国名之一，相当于大分县的中南部。
4. 浅野长晟。江户时代前期大名。备中国足守藩藩主、纪伊国和歌山藩第二代藩主、安艺国广岛藩初代藩主。

但那之后又进行了多次修缮。直到现在，仍传闻设计上模仿的是中国的西湖。该园位于神田川以南，是一个以池塘为中心的回游式庭园，园中筑有大小十数个岛屿。池塘正中央的地方架有一座沟通南北的跨虹桥，这座桥造型奇特，类似东京小石川后乐园的圆月桥，设计大胆，堪比修学院离宫的千岁桥。从南正门进去迎面就是清风馆，来到它的背后，眼前立马就是连接对岸的跨虹桥。这种园路设计作为回游式庭园不能说是毫无瑕疵，但是池边的道路确实展现了精湛的技巧，岛、汀（水边的平地）、树林中的小亭子的设计符合江户时代后苑的特点。池塘北侧筑山，园区西部则是一片南北向的狭长马场，诸如此类的设计也是近世庭园的一大特色。

24. 栗林公园　香川县高松市栗林町

本园原名"栗林庄"，是松平赖重[1]在延宝[2]年间所建，但据说后又经历了四代，到松平赖恭[3]时才终于完成。因此可以认为该园是与冈山后乐园几乎同时期修建的。之后作为历代藩主的别墅，直到明治年间才被作为公园使用。

现在这个公园的面积为 166170 坪，由位于西、南、北三个湖以及涵翠池、潺溪池、芙蓉池等六大水域构成，各区域还巧妙地搭配了丘陵、树石、岛屿等物，面积极为广阔，甚至超过了江户的户山庄。但其实上，不算明治三十年（1897）左右编入本园的

---

1. 水户德川家第一代德川赖房的长子。
2. 灵元天皇时代的年号（1673.9.21—1681.9.29）。宽文之后，天和之前。
3. 讚岐高松藩第五代藩主。

116592 坪的山林的话，只有 49500 坪而已。更别说，现在的北庭是明治四十四年（1911）才开始修建的，所以最初的栗林庄应该只有四五万坪而已。

该园的园区布局极其复杂，是一座优秀的回游式庭园作品，这种样式广泛运用于江户初期至中期的诸侯别墅等。远州派的造园理念随着时代的变迁愈发微妙，园中各部分的建造致力于打造多样的风景，游览者每走一步都有新的发现。三四万坪的庭园被赋予了十万坪乃至二十万坪的宏伟之感，这全得益于精湛的园区规划。现在来看该园的造园理念，和同时代的普通倾向一致，忠实于自然的描绘。园中随处可见池水清流，池上架起众多桥梁，这种园路设计富于变化又自然合理。园中庭木的造型也是下了一番功夫，这一点跟冈山后乐园极其相似，这应该是源自中国地区[1]的一般趣味倾向。以往的庭园都拘泥于茶趣味，而随着时代的推移从低级趣味之中渐渐脱离出来，园主开始按自己的喜好自由设计规划——在这一时期

栗林公园

---

1. 日本的中国地区。日本本州西部冈山、广岛、山口、岛根、鸟取等五县所占的地域。

的作品当中，本园无疑是最优秀的，确实是江户时代中期庭园的代表之作，它的设计也具有显著的近代特色。

25. 冈山后乐园　　冈山县冈山市古京

本园隔着旭川坐落于冈山城的北面，是池田纲政[1]命家臣津田佐源太永忠[2]所修建的。该园实际是在贞享四年（1687）十二月动工，后来又在元禄三年（1690）与园北的土地进行了合并，所以将其看作元禄年间的作品比较合适。

据传，最初只规划了17730坪的土地，从旭川上游造渠引水（后园用水[3]），元禄年间拓宽了5253坪，后又再次扩张，形成了一个总计27013坪4合[4]的大型庭园。周围由小堤环绕，栽种竹林代替围墙，这些设计与京都桂离宫的手法属同一体系。乍看之下，与小堀远州的众多作品似乎没有区别，但细细观来，园中央的泽地与东南角的花交池、西南角的花叶池之间的关系，与桂离宫、仙洞御所的情况大不相同，风格迥异。虽说同样是回游式庭园，但不可否认的是，该园把设计者的特殊趣味表现得淋漓尽致。而且设计上还重视了与冈山城之间的关系，这是很容易忽视的一点。若立于泽地的北岸向南方望去，会发现池水、岛屿、唯心山和鸟城形成一个有机整体，除去它们中的任何一个鉴赏价值都会大打折扣。如此看来，

---

1. 备前冈山藩的第二代藩主。
2. 津田永忠。江户前期的冈山藩士（江户时代大名的家臣），侍奉藩主池田光政与池田纲政。
3. 日语原为"後園用水"。因为位于冈山城背面，所以被称为"后园"，用于从旭川引水进园的水渠就被人们称为"后园用水"。
4. 合，面积单位。坪或步的十分之一，约 0.3306m²。

冈山后乐园

该园并不像桂离宫或是仙洞御所御庭那样把环境与庭园分隔开来。加之从唯心山山顶远望亦是园中一景，不得不承认与江户中期以后的庭园类似的地方颇多。现在是樱花林的地方曾经是水田，据说其中一部分还设成井田，试用了古代的租赁法[1]。另外还设置了马场，并建有观骑亭，隔着射垛[2]修建观射町这点与江户时代诸侯府邸庭园的做法完全一致。本园最引人注目的，是耸立于花叶池岸边的巨石，宛如悬崖峭壁一般，据说这块巨石是从邑久郡犬岛运来。当时是敲碎成九十多块后才运到此处的，后来又按原样进行了拼接。像这样某些部分忠实于对自然的表现，同时又与人工完美结合，比如泽地中岛上栽种的松树与造型优美的雪见灯笼的组合就甚是和谐。这种手法并非只在本园才有，是大阪以西、中国地区、九州地区都经常采用的庭木技巧。另外，分布于园中各处的延寿亭、荣唱、流店、岛茶屋等建筑也常见于江户时代庭园，基于特殊趣味的流店等设计也与同时期的倾向一致。旭川的水从廉池轩附近弯进来，被称为"御船入"，与鸟城的天主阁相对，因藩主曾坐船从城中游玩至此而得名。综上所述，本园是江户时代的特殊趣味庭园中风格最稳健的一个。

26. 兼六园　石川县金泽市

金泽的兼六园是前田家的旧园，起源可以追溯到第二代利长[3]时期，"兼六"的园名则是出自中国宋代诗人李格非所著《洛阳名

---

1. 井田制。
2. 土筑的箭靶。为放置箭靶而用土堆起来的小山。
3. 日本战国时代的武将、大名。前田利家的长子、加贺藩初代藩主。

园记·湖园》——"园圃之胜不能相兼者六，务宏大者少幽邃，人力胜者少苍古，多水泉者艰眺望，兼此六者惟湖园而已。"也就是说，本园兼备李格非所提出的"宏大、幽邃、人力、苍古、水泉、眺望"这成为名园的六大条件，所以命名为兼六园。据说，庆长年间前田利长曾邀请明代大儒王伯子（国鼎）来莲池庭[1]居住，又在庆长十年（1605），珠姬（第二代将军德川秀忠次女）嫁给前田利常成为其正室之时，为了安置珠姬从江户带来的300多名随从而兴建了长屋，因此称作"江户町"。由此看来，该园历史似乎可以追溯到江户时代初期，但能把它视作"兼六园"这一大名园，却应该是在江户时代后期。据传，第十二代藩主前田齐广于此地建阁造园，于是有了大型庭园的形貌；第十三代藩主前田齐泰继续修建才得以完工，所以庭园本身算是近世的作品。文政年间前田齐广对该园进行了大规模改建，文久[2]年间前田齐泰又修建了巽新殿，这个时期江户时代造园艺术最为发达，把兼六园看作这个时期的产物是最合理的。该园的样式则应该是宽政至文化文政这个时期的风格。

　　本园隔着百间堀通[3]（电车通）与金泽城相望，这个百间堀通就是原来的莲池濠[4]。现在的兼六园公园占地 30442 坪，从东北部到西南部自然倾斜，大体能分为上下两段。初看或许觉得统一性欠缺，但可以推测建造当初就是刻意利用这种地势来进行局部的自然描绘。该园现在之所以稍显风格涣散，是因为把失去了建筑物的私人园林直接作为公园开放导致的。因此，只凭现状就对建造者的趣味评头论足是不妥当的。本园的建筑材料中，最重要的就是自古以

---

1. 兼六园原名莲池庭，由第五代藩主前田纲纪于 1676 年开始建造，当初庭院里设有莲池亭及庭园，莲池亭就位于现在的兼六园的正门莲池门的附近，在当时属于金泽城的一部分。
2. 孝明天皇时代的年号（1861.2.19—1864.2.20）。万延之后，元治之前。
3. 日语中的"通"为大路、大街的意思。
4. 人工挖掘的沟渠。护城河。

来被称为奇迹的"用水（引水入园的渠道）"。水是引自浅野川上流，上游分流后，途经低地利用了虹吸原理，据说这实际上是宽文九年（1669）能登[1]的代官下村兵四郎、小林的町人板屋兵四郎[2]的设计。水自辰巳（东南）口引入园中，此处有座红叶山。设计者为更贴近自然，在山下凿出隧道，从山的西北看过去就好像有条真正的溪流在眼前流淌。曲水[3]则是非常巧妙地利用了土地的倾斜度，流经福神山、旭樱的西南，一部分由北端灌入霞池，另一部分通过木制的水管导入城里。池塘的造型极为普通，靠近东岸的地方建有蓬莱岛，西岸建有凉亭，蝾螺山临池而立。就这样，池水的一部分从西岸流出，形成白龙湍，再汇入下段的瓢池。此处架有一座相传是松云公（前田纲纪）所建的长一丈九尺的石桥（黄门桥），另一部分池水从池塘南端流出，由于自然倾斜的坡度形成了两丈多高的翠瀑再落入瓢池，据说是齐广模仿纪州那智的瀑布所建。瓢池的水再从西岸向百间掘通排出，这个池塘也修建了池中岛并架有桥通向西岸，岛上有一座高达一丈三尺的海石塔，传说是加藤清正在丰太阁（丰臣秀吉）征韩之战中获得的。翠瀑的对岸建有观瀑亭，被称为夕颜亭或者瓢庵，著名的伯牙断琴手水钵就位于该亭的露地（茶庭），该手水钵据说是松云公命后藤程乘[4]制作的。

兼六园的园区布局大体如上所述，该园的设计重点原本就是放在了远景上，站在园子的西北部远眺，能从医王、户室、卯辰等山一口气看到河北潟，这样一幅全景式的风景画实在是壮观。想来宏大之感并不在于占地面积而在于视野的广阔。另外，园内随处可

---

1. 能登国。日本旧国名之一，位于今石川县北半部。
2. 下村兵四郎与板屋兵四郎应该为同一个人。
3. 庭园里弯曲流淌的水。
4. 江户时代前期的"装剑金工（从事刀剑装饰的金属工艺品的工匠）"。

金泽兼六园

金泽兼六园夕颜亭

见运用江户时代各种造园技巧的事物，如曲水、鹣鸰岛、龟甲桥，都让人大开眼界。

27. 旧芝离宫　东京市芝区滨崎町

　　大正十三年（1924）二月二十六日，旧芝离宫作为庆祝昭和天皇完婚的纪念，下赐于东京市的庭园，现在则是东京市恩赐公园的一部分。本园在元禄年间是当时身居幕府老中之位的大久保忠朝[1]的宅邸，是极具江户时代特点的代表性名园。大体的设计是江户时代普遍采用的林泉式，即以池塘为主，池中建岛，再架桥，便于环游庭园。潮入池的池水随着潮水的涨退而时起时落，利用这点建造沙滩在江户时代的庭园作品中不算稀罕，也称不上特色，但其中有些设计却十分有趣——品川之水从大海直接浅浅流入园中的设计，使石头于退潮之时浮出水面，人们就能踏石通过。因此，该园与附近的滨离宫一样都可称作历史名园。据说园艺师是从小田原请来的，想来造园材料应该也是从小田原运来的。另外，据说在文政年间庭园中栽有被称为"樱十三品"的名木，现在也能看到许多有名的樱花树，但是不是"樱十三品"就不得而知了。根据文政年间的古图所载，"樱十三品"有：知恩院黄樱、嵯峨野雪之谷、御室大芝山、御室小芝山、清水普贤象、知恩院大提灯、奈良八重樱、法林寺、御室盐釜、清水车返、知恩院樱间、清水虎尾、清水泰山妇元。顺便说一下，本园也在大正十二年的大地震中受到破坏，但是我相信，通过东京市政府的修复，今后应该能长长久久地留存于世。

---

1. 日本江户时代大名、老中。

28. 滨离宫御庭　东京市京桥区筑地

　　以前这一带被称为芝滨，一直到宽永年间都还是芦苇丛生的荒芜之地，曾经用作将军猎鹰的场地。江户幕府第四代将军德川家纲执政之时，把这块大约五万八千坪的土地赐予弟弟德川纲重，作为他的"下屋敷[1]"。后来因为德川纲重的儿子德川家宣[2]当上了将军，此地又被唤作"西丸御用御屋敷"，后又更名为"滨御殿"。宝永四年（1707）进行了大规模的修缮，中岛茶屋、海中茶屋、清水茶屋、观音堂、庚申堂、大手门桥等建筑都是同一时期建成的。这之后，享保九年（1724）一月发生火灾，以茶屋为首的所有建筑全部化为乌有。虽然一时间荒废了下来，但是十一代将军家齐的时候又进行了修缮，重新修建了燕之茶屋、藤之茶屋、稻草葺茶屋（鹰之茶屋）、御亭山腰挂（凳子）、松原腰挂、五番堀前腰挂、盐滨等物，面貌焕然一新。庆应二年（1866）十一月由海军奉行[3]管辖，然后

东京滨离宫御庭

---

1. 大名在江户郊外的别墅。
2. 德川幕府第六代将军。
3. 日本武士执政时代的官名。江户幕府时代，寺社、町、勘定三种奉行以下，曾设置中央、远国数十个奉行。

在明治三年（1869）归宫内省[1]管理，称"滨离宫"。本园也是一个以池塘为中心的大林泉式庭园，颇具江户庭园特色，与旧芝离宫一样都应该作为名园受到永久的保护。

29. 南湖　福岛县西部白河郡白河町

　　南湖是有名的大湖，雅名为关之湖，位于白河町南半里大字大池。面积广阔，东西长度七町（约763.63米），南北宽度为二町五十五间（约318.17米），周长为二十一町（约2290.89米）。以这个湖为中心周围建有园路可环游，还可以泛舟湖上游玩。观其现状，湖北岸镜山上有一片如同大和绘一般美丽的赤松林。湖对面略高的地方就是锦冈，上面建有一处名曰共乐亭的小建筑——这就是本园的中心。另外，湖上还有御影、下根两岛，沿岸有千代堤、千代松原、有明崎、松虫原、常磐清水、真荻浦、月见浦等十七景。南湖原本是自然形成的沼泽，后经人工打造成了风景名胜，因此作为一个庭园的艺术价值或许有所欠缺，但是它的修建目的是用于民众的保健娱乐，是一个近代公园，这点倒是挺有意思。这些内容之前在总述部分的江户时代庭园中已经提到过，所以这里就不再细说了。关于这座公园的由来，园里立有白河儒者广濑典记的石碑，上面说得清清楚楚。而且共乐亭这个名字也和水户的偕乐园一样，源于与民同乐的跨越阶级的思想，这在江户时代确实是罕见。现在园中各处景点都立着刻有景点名称的石碑，共乐亭旁边的石碑还刻着和歌和汉诗。这些手法表现了风靡江户庭园的文艺趣味，是非常珍贵的研究资料。

---

1. 跟现在的"宫内厅"类似，是日本1869年设置的掌管宫中事物的官厅。

30. 偕乐园（常磐公园）　茨城县水户市

　　本园与金泽的兼六园、冈山的后乐园以及高松的栗林公园齐名，被誉为天下名公园。修建时间其实是在天保年间，也就是江户时代的文化鼎盛期。

　　天保十一年（1840），德川齐昭（烈公）初至封地就嘉奖文武两道，致力于百姓民生。同时他还喜好风雅之事，因此亲自制定计划，定址常磐邑修建这座公园。在天保十二年（1841）五月中旬动工，第二年七月竣工。所建之亭名曰"好文"，所建之楼名曰"乐寿"，一直保存至今。

　　偕乐园是按齐昭的喜好设计的，正门面向西北，从正门进去正面有"木户[1]"，从这里到中门大约两百间（约363.6米），道路两旁栽有杉树，且随处可见竹林，据说这些植物是从山城国男山移植过来的。正门内侧左右两边土垒上的矢竹[2]也是同时期栽种的，是战备物资。这两百间的道路宛如深山幽谷般幽邃，但进入好文亭，再登上乐寿楼向南眺望，碧波浩渺的千波湖近在眼前。北岸的妙法崎梅户崎与常磐山的森林相连，东岸是三魂崎，南方可以遥望矶滨松原，宽三间半（约6.363米），长十四町（约1527.26米）的柳堤下樱川流淌，美得宛如一幅风景画卷。本园的设计上虽然是模仿中国西湖，但这些东西并非刻意营造，而是直接利用了大自然的美景。先引导人们走进老杉繁茂的山路，眼前又豁然出现一片宽广的风景，这种造园技巧着实令人震惊。因此，本园其实是一个以好文亭为中心的观景庭园，园内的设计和园外的大自然保持了巧妙的

---

1. 板门。栅栏门。通常设在栅栏、茶庭等处的简单的门。
2. 箭竹。是做箭的材料。

联系，千波湖及周围的风景都是本园的造园材料，亭前的庭园只是装饰了几块极其简单的石头和修剪过的植物而已。

本园是一座近代公园，其初衷是用于百姓的保健娱乐，这点在总述部分江户时代庭园中已经说过，这里就不再赘言，刻有它的由来以及园规的石碑《偕乐园记》也留存至今。总而言之，本园的局部设计手法无须评论，因为园内设施都是为民众修建的。松树下配备石制底座的设计也绝不是为了齐昭一个人，而是希望所有游园的人都能在这优美的环境中感受风雅。而且园内大量栽种梅树也不只是出自赏花的目的，而是制作军用的梅干，这可以看作江户时代庭园的实用要素。可惜的是，现在梅林的出入口是明治初年天皇来此时新开的，一直都没有恢复原样，完全违背了设计者的初心。如果能在眺望千波湖之前，先感受行走于老杉之间的幽邃，那么当一望无际的风景跃然眼前之时得有多感动啊！由于现在这个新出入口的存在，本园的观赏价值不知道打了多大的折扣，这着实令人扼腕。

水户偕乐园

偕乐园好文亭

好文亭茶室何陋庵

跋

名园保护之我见

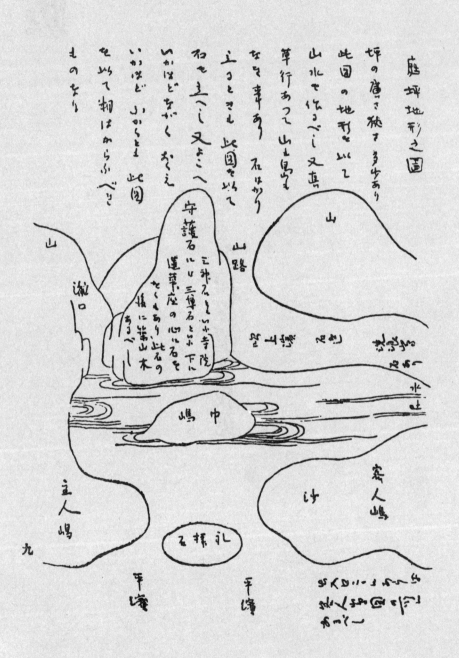

庭坪地形之圖

坪の廣さ狹さ多少あり
此圖の地形を以て
山水を作るべし又真
草行あつて山も島も
なゝ來る　石はかり
立つときも此圖を以て
石を立へし又よくへ
いかほど志づく　ぬえ
いかほど　ふかくも　此圖
を以て糊はからふべし
ものなり

守護石

これ秘石をいふ寺院
蓬莱座の心ハ此石を
たくみあり此石の
設に築山木
あるべし
二神石を以ふ三傳石と云下に

山路

山

山

瀧口

嶋中

主人嶋

客人嶋

汀

石据礼

平濱

平濱

九

水止

让我欣慰的是，最近我国有不少有识之士呼吁应该像保护优秀古建筑一样，将历史名园也纳入国家的特别保护名单之中，让它们能够永久地流传于世。

那么，所谓的名园要如何定义呢？仅仅是指有历史渊源的庭园吗？又或是庭园中的杰出之作呢？这个定义还相当模糊。所以，我早就预想到，最困难的就是要鉴别哪些庭园值得保护，哪些庭园不值得。

这个问题我们以后再说，在此我想谈谈对于现在被誉为名园的作品的一些感想，仅供参考。

首先，要思考的就是如今这些名园的历史价值，如果其完全保持了修建之初的旧貌，那么这对于我们研究日本文化史而言可谓珍贵的史料。例如京都的神泉苑，哪怕只有一部分保留了当初的旧貌，也都会对平安时代初期的文化研究提供极大的便利。但这终究可望不可求，如今这个缩小版的神泉苑，对于像我这种非常重视园林布局的人来说，也就是其局部能有点参考价值，整体而言只能望洋兴叹了。这种情况不仅仅出现在像神泉苑那样古老的庭园上，一些相对较近的时代，比如镰仓以后的庭园也难逃宿命，就连室町时代的庭园也几经变迁。那么，我们如今呼吁急需保护的名园是何时所建的庭园呢？不管最初修建的时间有多久远，能够留存至今的庭园除个别以外，大多都是室町时代以后、从桃山时代到江户时代后期修建的。而且不要忘了，保留下来的也并非都是修建当初的原貌。只是因为这些名园都是近代的作品，才保存得相对较好而已，当中也有几乎完全保留了原貌的作品。当然，这应该是该园占地的大小、材料的多少以及地理位置所决定的。

如此想来的话，我们可以预想到如果经历今后几十年几百年岁月的侵蚀，这些近古的名园也会逐渐荒废，消失于历史的长河之中。因此，我想至少把现在保存得较为完整的名园重点保护起来，在将来也能以其现在的面目流传下去。

我们今天所说的必须首先加以保护的庭园，其中的名园数量其实是相当之少的。即便是在京都地区，离宫等建筑虽然有宫内省采取了适当的保护，但其他地方却很少得到合理的保护。有些园林尽管具有珍贵的价值，但仅仅由于经济上的原因，不知何时就面临消亡的命运，实在是让人遗憾不已。尤其是庭园与建筑物不同，有的部分是非常容易受到自然或人为的破坏的。比如丰臣秀吉修建聚乐第的时候，材料是取自京都地区的名园，这算是一个人为破坏的典型例子。况且在明治维新以后，一些小寺院因为经济方面的原因，将寺庙里的珍宝变卖，同时也将庭园中的庭石和其他庭园材料变卖，又或者是破坏一部分庭园，用作其他经济方面的用途。这种破坏现象后来愈演愈烈，为数不少的庭园如今已然是一片荒芜，面目全非。

其次，庭园受到自然破坏的原因主要是天灾。江户时代的名园在安政时的大地震中受到了严重的破坏，在近年还有大正十二年（1923）的大地震中，东京的名园大多也都受到破坏，甚至有些庭园几乎是遭遇了灭顶之灾，这些都是有目共睹的。除此以外，因为庭园所在地的情况发生了变化，失去了环境依托，失去了水源，树木枯死，从而造成庭园昔日风光不再的情况也不在少数，例如出自小堀远州之手的京都二条城二之丸的庭园，原本在众多名园中也是鹤立鸡群，园中最初是一棵树也没有的，只由石头和流水构成。这个创意是小堀远州从前辈们的作品中得到启发，并在此基础上融合了他精湛的技艺形成的，实属无可挑剔的特色设计，值得反复细品。但如今堀川已经不复当年，庭园已不能像当初那样从堀川自由引水，故而泷口（瀑布口）虽连接了自来水，但由于土地的吸水性极强，出于供水经济上的考虑，园中的池塘到现在仍是一个空池。从保护名园的角度来看，这种情况实在遗憾。古时的引水方法已不适用于现在，水源与庭园之间的土地状况也在不断变化，使得很多名园都陷入同样的困境。位于京都高台寺前面的圆德院庭园据说也是出自小堀远州之手，园中最初是从菊溪引水，但因附近道路的变更而被切断了水路，如今也变成了空池；还有位于东京浅草的名园——松浦伯爵府的蓬莱园，也是因为三味线堀变成了如今的模样，不能如昔日般引水了。这种被动的改动甚至是破坏，过去可能没有办法，但在今天这样一个科学发达的时代里应该是有能力解决的。有办法却就这样任其荒废的话，着实遗憾。

接下来要说的是借景式庭园。随着文明的进步，借景园也无可避免地受到了破坏，但是如果任其发展下去就太令人痛心了。举个例子，京都紫野大德寺方丈庭园东侧有个据说是小堀远州设计的小庭，隔着绿篱映入眼帘的田圃、加茂的松树林荫道、比叡山等自然风景可谓这座小庭生命力的源头。但这座小庭的现状是——绿篱外竟肆无忌惮地建起了一栋栋毫无艺术感的现代建筑，田圃间突兀地冒出了工厂这类完全不搭调的建筑，把方丈庭园作为眺望式、借景式庭园的价值毁得一点不剩。其实这样的破坏难以避免，即便是在古代，也有很多名园因为类似的原因而遭受破坏，比如京都郊外那处著名的龙安寺虎负子渡河庭，最初的设计是与南边的男山风光相辅相成，形成有趣的对比——作者相阿弥的设计精髓就在于此。但是，后来墙外的树木生长得过于茂盛，挡住了视线，已无法远眺。我们已经知道的是，早在江户时代这座庭园就已不复原貌，基本上就和今天我们看到的一样了。此外，随着城郊建设的发展，借景式庭园的价值也逐渐丧失，这种情况不光是大德寺，借景园几乎都面临相同的窘境，这也是名园保存上最困难的一点。但是我们不能放任自流，补救方法应该有很多种，就算无法全部都实现，我也深信有些东西是可以挽救的。

第三，我想谈谈"善意的破坏"，这是最可怕的一种情况。

曼殊院　京都大德寺方丈庭园

比如说各园的保管者出于维护、修缮的目的对其进行各种加工，有时又按自己的喜好对其中一部分进行改建，有时又加点什么新东西进去，等等，虽然完全没有恶意，但这些名园的生命却在不知不觉间流失。这种"善意的破坏"无论在哪个时代都存在，例子更是数不胜数。举一个最近的例子，便是静冈的临济寺。这间寺院的庭园大体可以看作山田宗徧[1]之作，后来经过改建，崖上多了一间小堂，并修了一条与庭园相连的渡廊（连通的走廊），很大程度上影响了名园的价值。这样的例子比比皆是，我认为应该引起警惕。还有京都修学院离宫内的、上离宫池中岛的千岁桥也是一样，有还不如没有。多余的元素不仅无法为庭园锦上添花，反而会产生副作用。幸

---

1. 江户时代前期的茶道名人。

而如今人们做事越发谨慎，几乎不会草率行事了，想必今后应该也不会重蹈覆辙吧。但"好心办坏事"这一点也需要十分注意。

再举一个有些不同的例子，京都府缀喜郡田边町酬恩庵（一休寺）的一休禅师庙所[1]前庭。据寺传所言，这座庭园是村田珠光的作品，院子平时打扫得干干净净，园木的修剪也无可挑剔，确实是一个美丽的庭园。但是，后来考虑到进出的方便，就在南墙上开了个气派的大门，使得整座庭园就像是寸丝不挂，一览无遗。那个门明显不在当初的造园计划以内，应该是最近几年才修的，完全没有体会到设计者的初心，实在令人惋惜。这座庭园作为珠光作品的研究资料尚有一定价值，而且无论如何都是京都地区极具时代特色的珍贵园林，后来虽然多少有些改动，但在今天也值得受到国家的特殊保护。只是南墙被凿开这件事，我感到十分遗憾。

还需要关注的是，由树木的生长和枯死引起的庭园变化。自古以来造园家就花了不少心血在园木上面，这点不需要我再来强调。而由于树木的变化会影响到几乎整座庭园，除极少数的石庭以外，所有名园都因树木的原因而风光不再。别说过个数百年或数千年，几年的时间就足以让庭园变得面目全非。正如著名造庭家篱岛轩在《都林泉名胜图会》中对银阁林泉描述的那样——"银阁寺的林泉式庭园在庭造传和都名所中都有提及，但是由于年代久远，园中的树木枯死后又栽新树，按寺里僧人的喜好换了一批又一批，才变成了如今的模样。[2]"即便只是短暂的岁月，也会因为树木的生长和枯萎产生一些小变化，更别说经过漫长的岁月，会带来的巨变了。再举一个这方面的例子——东京小石川后乐园。它的变化有一

---

1. 供奉先祖或贵人灵位的地方。
2. 銀閣の林泉は向に庭造傳或は都名所に出たれども年歴累りて樹木古朽し又新に植るもの多し故に寺僧の好に任せて今時の體を圖す。

部分是人为造成的，比如德川幕府第五代将军纲吉的母亲桂昌院来该园游玩时，路边的巨石奇岩被认为可能会对步行造成危险，就移走了，密林也因挡住了观景的视线而被砍掉。除此之外，享保年间第八代将军吉宗游览该园时，也因为同样的原因砍掉了数百棵乔木，还改变了池边岩石的布局，极大地损害了这座庭园的价值。类似的例子不止这两三件，任何时代都有人做着类似的事情。京都有名的涉成园也是如此，现在的庭园应该是经过了大规模的改造，加之园区周围是繁荣的市井街区，园中树木也因此面临巨大的威胁。其他名园也有许多面临着同样的境遇，解决这点在将来的保护工作上可谓一大难题。

最后，我想就现在的名园保护工作，说几点自己的意见。

第一点，至关重要的就是，筛选值得国家保护的庭园。这是一件极其重要的事，不应该仅仅以名气来决定是否应该动用国家资金进行保护，而是应选出特别需要国家保护并拥有与之相应价值的庭园，还必须由对庭园足够了解的学者们经过反复商议后才能决定。如果只要有点名气的都一视同仁的话，那么哪个都保护不了。保护措施不够全面，还不如最开始就不要做了。所以，我认为最开始的筛选工作应该是重中之重。

第二点，要保护名园首先就要尽可能保护与它相关的历史资料。从古至今，至少到江户时代末期，这期间的资料根据人文发展史，特别是艺术发展史上的时代来进行分类比较方便，我们会发现大多数资料都是室町时代以后的，特别是从桃山时代到江户时代的资料最多。尽管如此，与古建筑的资料比起来，庭园的资料还是少得可怜。前文也说到过这点，从庭园本身的性质来考虑，这也是没有办法的事情。

第三点，庭园的系统研究及其分布。关于这点必须进行充分的研究，考察分散于各地的名园，形成日本文化史上的优秀资料。

有些庭园虽然称不上名家之作，但极具历史特色与地方特色，具有学术参考价值，同样要加以保护。总而言之，关键是注重特色的系统性。

第四点，保护方针。复原还是维持现状，这是个问题。这一点对于建筑的保护而言向来就是个麻烦事。我认为，要进行研究，自然是有必要对庭园原貌进行调查的，但是最稳妥的保护还是维持现状，并且尽量使其在将来不再有变动。但是，如果研究结果清楚表明不符合该园的事物，或是观其现状明显是后来画蛇添足的部分，又或是不符合美学的元素，像这种必须要拆除替换的东西原则上还是可以适当改动。总之，比起复原，维持现状还是更为稳妥。抱着"以前就是这样"的想法，随意改变石头位置，移植、砍伐树木等行为是极度危险的。复原只是一种理想化的想法，实际操作起来弊大于利。

另外，还有一点我希望引起大家的关注。跟保护古建筑一样，只保护庭园本身是不够的。庭园周围的环境与庭园有着千丝万缕的联系，它的变化也会造成庭园的变化。理想的保护方式就是把庭园周围的部分环境也一同纳入保护的范围。每当想起这些年来一个个淹没于历史长河中的名园，我就会忍不住去思考该如何拯救它们。

索　引